# 微信小程序开发
## 边做边学

第2版·微课视频版

◎ 吴晓春 诸葛斌 蒋献 张国萍 李俊君 吕智豪 朱咸军 编著

清华大学出版社

北京

## 内 容 简 介

本书是与中国大学 MOOC(慕课)平台、网易云课堂平台上建设的"微信小程序开发从入门到实践"视频课程完全配套的图书,通过丰富且详尽的案例解析,为零基础新手提供小程序开发入门教程。

全书共 10 章,第 1 章和第 2 章介绍最新小程序开发工具、开发流程以及利用简单案例帮助读者熟悉小程序开发的概貌;第 3~9 章是全书的核心内容,通过对教学视频的模仿,帮助读者完成前后台以及后端数据库全栈开发学习,循序渐进地完成基于豆豆云助教案例的分阶段教学子模块的学习及开发,从而为小程序开发提供保障;第 10 章提供基于云开发的案例讲解,实现后台的云端部署。附录 A 介绍豆豆云助教的安装与运行,为本书读者了解豆豆云案例项目的全貌奠定了坚实的基础。

本书内容翔实有趣,在与视频课程内容完全契合的基础上对知识点进行进一步讲解,是学习微信小程序开发的理想书籍,可作为小程序爱好者的零基础入门选择,也可作为计算机相关专业学生的教材。

本书封面贴有清华大学出版社防伪标签,无标签者不得销售。
版权所有,侵权必究。举报:010-62782989,beiqinquan@tup.tsinghua.edu.cn。

图书在版编目(CIP)数据

微信小程序开发边做边学:微课视频版/吴晓春等编著. —2 版. —北京:清华大学出版社,2024.3(2025.1重印)
(21 世纪新形态教•学•练一体化系列丛书)
ISBN 978-7-302-65731-6

Ⅰ.①微… Ⅱ.①吴… Ⅲ.①移动终端-应用程序-程序设计-教材 Ⅳ.①TN929.53

中国国家版本馆 CIP 数据核字(2024)第 053457 号

责任编辑:黄 芝 张爱华
封面设计:刘 键
责任校对:申晓焕
责任印制:沈 露

出版发行:清华大学出版社
网 址:https://www.tup.com.cn,https://www.wqxuetang.com
地 址:北京清华大学学研大厦 A 座  邮 编:100084
社 总 机:010-83470000  邮 购:010-62786544
投稿与读者服务:010-62776969,c-service@tup.tsinghua.edu.cn
质量反馈:010-62772015,zhiliang@tup.tsinghua.edu.cn
课件下载:https://www.tup.com.cn,010-83470236
印 装 者:三河市铭诚印务有限公司
经 销:全国新华书店
开 本:203mm×260mm  印 张:16.75  字 数:400 千字
版 次:2020 年 8 月第 1 版 2024 年 5 月第 2 版  印 次:2025 年 1 月第 3 次印刷
印 数:3001~5000
定 价:59.80 元

产品编号:101011-01

# FOREWORD
# 前言

小程序是一种无须下载即可使用的互联网应用，使用者无须担心手机内存岌岌可危，具有速度快、无须适配、分享方便、体验出色等优势，成为当下年轻人的新选择。对于开发人员来说，近年来微信提供了各类插件、云开发、小程序助手等服务，为开发者开放社区，便于开发者进行技术交流和共享，小程序的开发门槛越来越低，也使得越来越多的人能够参与小程序开发，并享受到编程的乐趣；对于企业来说，小程序也有着得天独厚的优势，低门槛的开发也为大大小小的企业提供线上服务创造了机会，用户只需要在"发现"入口就能找到附近的门店，小程序正在为商家带来客流量，变现方式越来越多；对于用户来说，只要是日常生活中能想到的问题，都有可能通过小程序去解决，小程序越来越契合生活场景，也不断融入我们学习、生活、工作的方方面面。

为了更好地服务广大微信小程序学习者，让每个知识点都有章可循，作者在归纳整理课程教学内容的基础之上完成了本教材的编写工作，使得本团队在中国大学 MOOC 平台上建设的"微信小程序开发从入门到实践"课程更为系统，逻辑性更强。该课程获 2018 年教育部协同育人项目立项（201801002023），并获腾讯微信事业部资助。2019 年，在中国大学 MOOC 平台开设首门"微信小程序开发从入门到实践"在线课程以来，已完成 9 轮教学，线上选课人数超过 7 万人次，选课人数在同类小程序开发课程中排名第一，超过 800 所高校学生选修本课程。该课程教授了微信小程序开发和云服务知识，根据团队 2018 年开发的"豆豆云助教"小程序展开案例教学，通过对教学视频的模仿完成模块的开发任务，让学生具备开发一套解决复杂互联网应用的信息化能力。该课程的教学案例"豆豆云助教"已运行了 5 年，服务了 4 万多名读者。获益于本课程的小程序项目开发，本校学生积极参加高校微信小程序开发大赛，共获得全国三等奖 2 项、华东赛区奖项 30 多项。

金课品质、打造精品，无论是课程还是教材，本团队始终怀有一颗赤诚之心去打造符合标准的"金课"与"金教材"。准备种子，就收获果实；准备努力，就收获成功；准备今天，就收获明天。许许多多的教学者，正如我，已经为所有想学、爱学、乐学的朋友准备好了知识的种子，而数量更加庞大的读者，正如你，是否已经足够努力去收获属于你的成功？正如校内学生的课后心得总结中提到的："提供的资料非常充分，学习的过程十分顺利。配合视频的讲解，将这次小程序实训的难点和疑点都十分清楚地讲解了出来。我通过屏幕左侧的模拟器页面非常直观地看到了每一段代码运行后的效果，受到了极大的鼓舞，强烈地激发了我的学习兴趣，毕竟很多书本知识都无法立即看到产生的效果。"还有位同学完成学习的心得是:"简单概括,我对微信小程序入门的学习体会只有两个字,那就是'趣'和'值'。微信小程序入门的课程充满了趣味性和挑战性。'微信小程序开发从入门到实践'这门课让我学到了很多东西,让我了解了微信小程序的各种基本信息,最主要的是学习了一些小程序编写的基础,认识了什么叫作后台数据库和云开发平台。刚开始做 Hello World 小程序时感觉微信小程序还是挺简单的,但是随着课程内容的一步步深入,我觉得挑战性也逐渐增加。尤其是后面到了'课程练习'模块开发,感觉很难理解。但是依靠课程视频的学习还是能够自己摸索着一步步完成。这门课程的学习让我觉得学习计算机语言也是蛮有意思的。"学生们对课程的认可,是对我们最大的激励,也是继续优化教学内容的动力,更是我们一直秉承的理念和不断追求的目标。改版后的教材章节分布与课程内容同步,知识点讲解更为清晰明了,让读者能够拥有良好的学习体验。同时本教材也适用于对工科类基于微信创业团队的培养,通过参加相关的各类科技创新项目来提升学生的工程实践能力。在多轮的线上开放教学实践中,我们对教材和教学视频进行了多次更迭与优化,未来也将继续不断完善教学细节,希望为读者带来更优质的学习体验。

本教材在编写期间,组建了一支包括教师、助教和小程序开发人员的教学团队,承担撰写教材、自主录制教学视频、制作多媒体课件、研发教学专用的项目源代码等一系列工作,整理了包括错误集等各类参考文档。团队对每轮的学习记录进行整理,及时反馈到教学内容中,持续改进工作,做到教学过程更顺畅,教学质量有保障。其中,参与项目源代码撰写的主要同学有李俊君(豆豆云小程序开发)、陈伟昌(豆豆云助教教学案例开发)、俞宇锋(听写好助手开发)、吴程亮(小太阳粮储开发),参与教学的助教主要有张淑、斯文学、颜蕾、徐密、吕智豪,参与课件编写的同学有倪靖靓、杨程,参与教学视频录制的学生有张淑、斯文学,参与教材思政内容撰写的同学有沙宁。此外,整个学生开发团队对本教材的案例和内容整理提出了很多修改意见。

在本教材第 1 版撰写中,清华大学出版社的热情让我们在一年多的教材撰写过程中充满信心,编辑们在交流中不断给我们提出建议和鼓励,使得撰写教材的思路和方向更为清晰,让我们的教材内容高效地迭代完善,最终成稿。在此对各位一并表示感谢。本教材从 2020 年 8 月第 1 版出版之后,已经印刷 4 次,得到了读者的认可,非常感谢读者在教材使用过程中的各类反馈,帮助我们不断完善教材相关的配套内容,提升教学效果。三年来,微信小程序开发环境变化很大,学生多次反馈需要对教材内容进行更新,使得实验过程和最新的开发环境相匹配,提升学生的学习效率,对此我们一直筹划对教材的修订,出版第 2 版。该出版计划获得了清华大学出版社的积极支持,对此非常感谢!教材第 2 版修订工作同时获得了浙江省普通本科高校"十四五"首批新工科、新医科、新农科、新文科重点教材建设项目立项,感谢相关老师对我们团队的支持!

由于作者水平有限,书中难免有疏漏之处,请读者批评指正。

作　者<br>
2023 年 12 月

# CONTENTS 目录

下载源码

第1章 微信小程序入门 ························································ 1

  1.1 搭建微信小程序开发环境 ············································ 2
    1.1.1 申请微信小程序账号 ··········································· 2
    1.1.2 安装微信开发者工具 ··········································· 6
    1.1.3 创建 Hello World 小程序 ······································· 9
  1.2 开发工具的介绍 ····················································· 12
    1.2.1 菜单栏 ························································· 12
    1.2.2 工具栏 ························································· 12
    1.2.3 模拟器 ························································· 15
    1.2.4 编辑器 ························································· 16
    1.2.5 调试器 ························································· 16
  1.3 小程序目录结构 ····················································· 23
    1.3.1 项目配置文件 ················································· 24
    1.3.2 主体文件 ······················································ 24
    1.3.3 页面文件 ······················································ 29
    1.3.4 其他文件 ······················································ 30
  1.4 小程序开发入门 ····················································· 31
    1.4.1 微信小程序框架 ··············································· 31
    1.4.2 Hello World 小程序简单修改 ································· 31
  1.5 作业思考 ····························································· 38

第2章 "C语言习题测试"案例开发 ······································ 40

  2.1 心理测试小程序安装与理解 ······································· 41
    2.1.1 心理测试小程序安装 ········································· 41
    2.1.2 心理测试小程序知识点理解 ································· 43
    2.1.3 心理测试小程序代码讲解 ···································· 48
  2.2 C语言测试小程序开发 ············································· 49

2.2.1 增加 D 选项 ·············································· 49
2.2.2 修改题库 ·············································· 53
2.3 C 语言测试逻辑修改 ·············································· 55
2.3.1 显示相同的题目内容 ·············································· 56
2.3.2 缺失第 20 题的页面显示 ·············································· 57
2.4 添加做题结果 ·············································· 59
2.4.1 test 页面修改 ·············································· 59
2.4.2 result 页面修改 ·············································· 62
2.5 小程序发布流程 ·············································· 63
2.5.1 发布前准备 ·············································· 63
2.5.2 小程序上线 ·············································· 64
2.6 作业思考 ·············································· 67

# 第 3 章 豆豆云助教"我的"页面模块开发 ·············································· 69

3.1 授权登录页面 ·············································· 70
3.1.1 授权页面知识点讲解 ·············································· 70
3.1.2 授权登录页面实现 ·············································· 77
3.2 注册页面 ·············································· 82
3.2.1 注册页面知识点讲解 ·············································· 82
3.2.2 注册页面实现 ·············································· 86
3.3 "我的"页面 ·············································· 89
3.3.1 "我的"页面知识点讲解 ·············································· 89
3.3.2 "我的"页面实现 ·············································· 91
3.4 作业思考 ·············································· 95

# 第 4 章 豆豆云助教"信息修改"模块开发 ·············································· 98

4.1 myInfo 页面调整 ·············································· 99
4.1.1 性别信息显示调整 ·············································· 99
4.1.2 增加页面跳转 ·············································· 100
4.2 change 页面实现 ·············································· 103
4.2.1 change 页面布局 ·············································· 103
4.2.2 change 页面逻辑 ·············································· 104
4.2.3 添加事件处理函数 ·············································· 105
4.3 配置文件的使用 ·············································· 108
4.4 作业思考 ·············································· 110

# 第 5 章 豆豆云助教"课程"模块页面开发 ·············································· 113

5.1 申请课程号 ·············································· 114

5.2 "课程"模块页面布局 ……………………………………………………………… 115
    5.2.1 "课程信息"模块页面布局 …………………………………………… 115
    5.2.2 "课程练习"模块页面布局 …………………………………………… 121
5.3 "课程"模块页面逻辑实现 …………………………………………………… 125
    5.3.1 请求加入课程逻辑 …………………………………………………… 125
    5.3.2 获取当前课程逻辑 …………………………………………………… 126
5.4 作业思考 ……………………………………………………………………… 127

## 第6章 豆豆云助教"课程练习"模块开发 …………………………………… 130

6.1 引用驾校考题做题页面 ……………………………………………………… 131
    6.1.1 驾校考题各类练习页面 ……………………………………………… 131
    6.1.2 wxml 文件引用 ……………………………………………………… 133
    6.1.3 各类练习页面逻辑修改 ……………………………………………… 134
6.2 完成练习功能模块 …………………………………………………………… 137
    6.2.1 小程序的 data-* 属性 ……………………………………………… 137
    6.2.2 实现页面跳转 ………………………………………………………… 138
    6.2.3 添加页面样式 ………………………………………………………… 140
    6.2.4 显示做题数量 ………………………………………………………… 144
6.3 实现错题与收藏功能 ………………………………………………………… 145
    6.3.1 显示错题数与收藏数 ………………………………………………… 145
    6.3.2 "错题"与"收藏"页面跳转 ………………………………………… 147
6.4 作业思考 ……………………………………………………………………… 150

## 第7章 豆豆云助教"签到测距"模块开发 …………………………………… 152

7.1 "签到测距"页面布局 ………………………………………………………… 153
    7.1.1 添加签到 tabBar ……………………………………………………… 153
    7.1.2 "签到测距"页面基本布局 …………………………………………… 154
7.2 位置信息相关 API 调用 ……………………………………………………… 156
    7.2.1 选择位置 API ………………………………………………………… 156
    7.2.2 获取当前位置 API …………………………………………………… 158
7.3 实现测距功能 ………………………………………………………………… 161
    7.3.1 巧用 button 的 disabled 属性 ……………………………………… 162
    7.3.2 js 实现经纬度测距 …………………………………………………… 165
7.4 作业思考 ……………………………………………………………………… 166

## 第8章 初识后台与数据库 ……………………………………………………… 168

8.1 本地环境安装与测试 ………………………………………………………… 169

　　　　8.1.1　安装 Sublime 与 Wampserver ……………………………………… 169
　　　　8.1.2　搭建本地环境 ……………………………………………………… 171
　　8.2　后台 API 开发 ……………………………………………………………… 176
　　　　8.2.1　API 实现前后台交互 ……………………………………………… 176
　　　　8.2.2　数据库的增删改查 ………………………………………………… 179
　　8.3　作业思考 …………………………………………………………………… 183

## 第9章　接口开发与云平台 ……………………………………………………… 185

　　9.1　查看做题情况 API 开发 …………………………………………………… 186
　　　　9.1.1　"做题情况"页面布局 ……………………………………………… 186
　　　　9.1.2　新建数据表 ………………………………………………………… 188
　　　　9.1.3　获取做题情况 API 开发 …………………………………………… 189
　　　　9.1.4　更新做题数据 API 开发 …………………………………………… 190
　　9.2　阿里云环境配置 …………………………………………………………… 197
　　　　9.2.1　安装 Xshell 和 Xftp ………………………………………………… 197
　　　　9.2.2　安装后台相关环境 ………………………………………………… 201
　　　　9.2.3　在阿里云上搭建豆豆云后台 ……………………………………… 204
　　9.3　作业思考 …………………………………………………………………… 208

## 第10章　初识云开发及实战 ……………………………………………………… 211

　　10.1　我的第一个云开发小程序 ………………………………………………… 212
　　　　10.1.1　新建云开发项目 …………………………………………………… 212
　　　　10.1.2　开通云开发 ………………………………………………………… 213
　　10.2　云开发数据库指引 ………………………………………………………… 217
　　　　10.2.1　新建集合 …………………………………………………………… 217
　　　　10.2.2　更新记录 …………………………………………………………… 219
　　　　10.2.3　查询记录 …………………………………………………………… 220
　　　　10.2.4　聚合操作 …………………………………………………………… 221
　　10.3　快速新建云函数 …………………………………………………………… 222
　　10.4　云开发案例讲解 …………………………………………………………… 224
　　　　10.4.1　待办事项案例讲解 ………………………………………………… 224
　　　　10.4.2　小太阳粮储案例讲解 ……………………………………………… 226
　　　　10.4.3　听写好助手案例讲解 ……………………………………………… 231
　　10.5　作业思考 …………………………………………………………………… 239

## 附录A　豆豆云助教的安装与运行 ……………………………………………… 242

　　A.1　豆豆云助教的安装流程 …………………………………………………… 242

  A.1.1　豆豆云助教学生端 ………………………………………… 244
  A.1.2　豆豆云助教教师端 ………………………………………… 247
 A.2　豆豆云助教功能设计 ……………………………………………… 247
 A.3　豆豆云助教的发布流程 …………………………………………… 249
  A.3.1　预览豆豆云助教 …………………………………………… 249
  A.3.2　上传豆豆云助教代码 ……………………………………… 249
  A.3.3　小程序信息填写 …………………………………………… 251
  A.3.4　提交审核豆豆云助教 ……………………………………… 251
  A.3.5　发布豆豆云助教 …………………………………………… 254
  A.3.6　豆豆云助教运营数据 ……………………………………… 255

# 第1章

# 微信小程序入门

## 认识小程序（利用好时代的浪潮）

微信具有大量的月活跃用户，并且其用户具有范围广、黏性高等特点，基于这一优势，微信于2016年9月21日公开了"微信小程序"计划。微信小程序是一种新的应用形态，无须下载、安装即可使用，用户只需要使用"扫一扫"或者"搜一下"即可打开应用，具有"用完即走"的理念。

2007年1月9日，苹果iPhone正式发布，象征了一个崭新时代的开始。十年后的同一天，2017年1月9日，微信小程序正式上线。张小龙向乔布斯致敬，小程序无疑被寄予厚望，并且希望以此开启一个全新的时代。小程序的登场，意味着移动互联网真正进入下半场的较量。上半场争抢的是线上流量，随着线上用户增长红利趋于饱和，"战争"基本结束。而下半场则是线下用户之争，空间巨大。小程序的出现加速了互联网新周期的到来，它打破了长久以来限制颇多的开发环境以及让普通民众望而却步的开发流程，给传统软件开发行业撕开了一扇新门。

微信小程序的兴起无疑给我们的生活带来了巨大的变革，同时，小程序的不断迭代也给开发者创造了良好的开发环境。并且因为其开发难度较低，零基础的读者通过短短的几个月时间的学习也能开发设计出自己的作品，在强大的微信团队的支持下，发布上线你的小程序变得不再是梦想。微信小程序技术让互联网行业真正走下神坛，不再是一门玄学。

本章对微信小程序开发的流程进行介绍。在开发过程中，首先需要进行微信小程序注册；然后下载微信官方的编译环境进行代码的开发；随后，进行小程序的服务器和域名的部署，并在微信公众平台小程序的后台配置好域名，同时，通过微信开发者工具上传代码，登录微信小程序公众平台，提交代码审核，并等待微信公众号代码审核结果的通知；最后，登录微信公众平台小程序邮箱账号，配置小程序的页面类目，进行小程序发布，发布成功之后就可以正常使用上线的小程序了。本章以下内容将通过一个简单的例子来详细介绍开发流程的实现过程。

# 1.1 搭建微信小程序开发环境

本节主要介绍如何申请小程序账号与安装微信小程序开发工具。

## 1.1.1 申请微信小程序账号

想要进行微信小程序开发,必须有自己的微信开发者账号。微信公众平台的链接为 https://mp.weixin.qq.com,以下是注册的具体过程。

**1. 准备工作**

在微信小程序的学习过程中,开发者可以以微信官方提供的简易教程为辅,简易教程链接为 https://developers.weixin.qq.com/miniprogram/dev/framework/。进入简易教程后,选择"申请账号",并单击"小程序注册页"链接进入小程序注册页面,如图1-1所示。

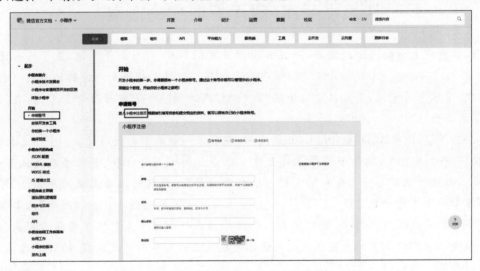

图1-1 微信公众平台小程序简易教程申请账号页面

**2. 注册**

小程序的注册流程共分为3步,即账号信息填写、邮箱激活、信息登记,如图1-2所示。

1) 账号信息填写

填写账号信息需要填写邮箱、密码、确认密码、验证码,填写完毕后,勾选"你已阅读并同意《微信公众平台服务协议》及《微信小程序平台服务条款》"复选框,勾选后单击"注册"按钮提交填写好的账号信息。

注意所填邮箱必须满足以下条件:

(1) 未注册过微信公众平台;

(2) 未注册过微信开发平台;

(3) 未用于绑定过个人微信号。

图1-2 "小程序注册"页面

其中,每个邮箱只能申请一个小程序,如果开发者没有满足条件的邮箱,可以先去申请一个新的邮箱,再进行小程序账号的注册。

2) 邮箱激活

在账号信息提交后,进入"邮箱激活"页面,单击"登录邮箱"按钮,登录注册小程序的邮箱查看激活文件,如图1-3所示。

图1-3 "邮箱激活"页面

单击邮箱中的链接,即跳转回微信"公众平台"页面并完成邮箱激活,如图1-4所示。

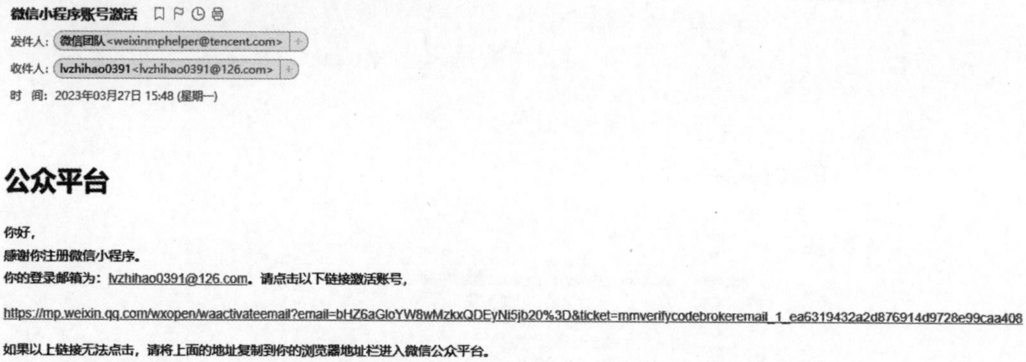

图1-4 小程序邮箱激活

3)信息登记

完成邮箱激活后,进入"信息登记"页面,其中"注册国家/地区"选择默认选项"中国大陆",主体类型根据开发者实际情况进行选择,主要有个人、企业、政府、媒体以及其他组织5种,本书主要以个人类型为例进行讲解,如图1-5所示。

图1-5 小程序"信息登记"页面

选择个人类型后,页面会出现"主体信息登记",如图1-6所示。

填写主体信息时,用户需要如实填写身份证姓名、身份证号码和管理员手机号码(注意,一个身份证号码或一个手机号码只能注册5个小程序),然后单击"获取验证码"按钮,等待手机接收验证码,填入接收到的6位验证码。

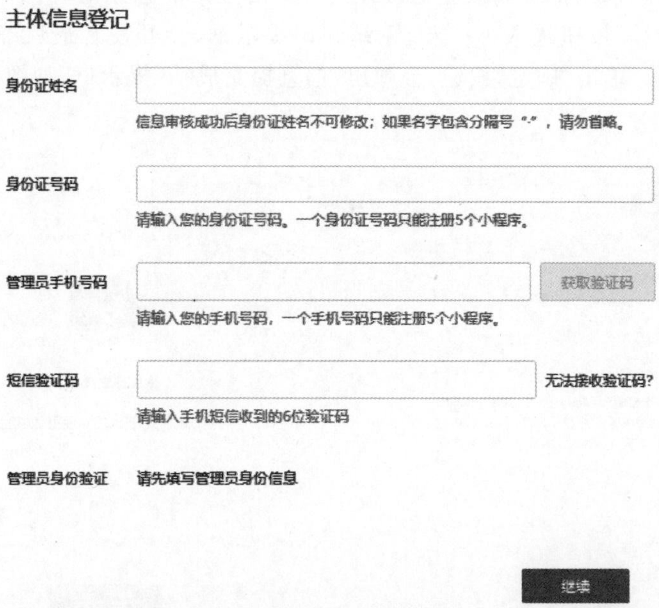

## 主体信息登记

身份证姓名　［　　　　　　］
　　　　　　信息审核成功后身份证姓名不可修改；如果名字包含分隔号"·"，请勿省略。

身份证号码　［　　　　　　］
　　　　　　请输入您的身份证号码。一个身份证号码只能注册5个小程序。

管理员手机号码　［　　　　　　　　　　　　　　］　［获取验证码］
　　　　　　请输入您的手机号码，一个手机号码只能注册5个小程序。

短信验证码　［　　　　　　　　　　　　　　］　无法接收验证码？
　　　　　　请输入手机短信收到的6位验证码

管理员身份验证　请先填写管理员身份信息

[继续]

图1-6　个人"主体信息登记"页面

填写完管理员身份信息后，管理员身份验证一栏会自动生成一个二维码，开发者使用本人微信扫描页面提供的二维码，扫码后，手机微信会自动跳转至"微信验证"页面，如图1-7所示。开发者核对"微信验证"页面上所显示的姓名与身份证号无误后，单击"确定"按钮，系统会提示"你的身份已验证"，如图1-8所示。

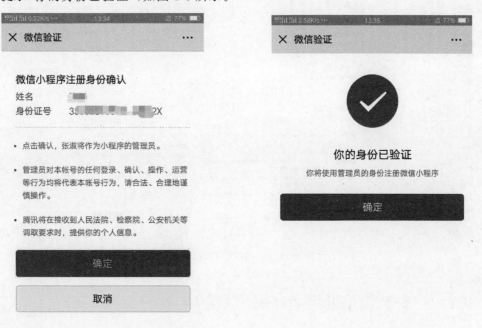

图1-7　手机微信验证身份确认　　　　图1-8　微信验证成功页面

手机微信上确认后,该微信号会被登记为管理员微信号,"信息登记"页面也会提示"身份验证成功",单击"继续"按钮进入下一步,系统弹出提示框,让开发者最后确认提交的主体信息,如图1-9所示。单击"确定"按钮,会弹出"信息提交成功"提示框,如图1-10所示。

图1-9 主体信息确认提示框　　　　　图1-10 "信息提交成功"提示框

此时单击"前往小程序"按钮直接进入小程序后台管理页面,如图1-11所示,管理员后续可通过访问微信公众平台手动输入账号、密码登录小程序管理页面。

图1-11 小程序后台管理页面

## 1.1.2 安装微信开发者工具

开发小程序需要进行开发者工具下载,在简易教程中的左侧导航栏选择"安装开发者工具",进入安装开发者工具教程,单击"开发者工具下载页面"链接即可进入工具下载页面,如图1-12所示。

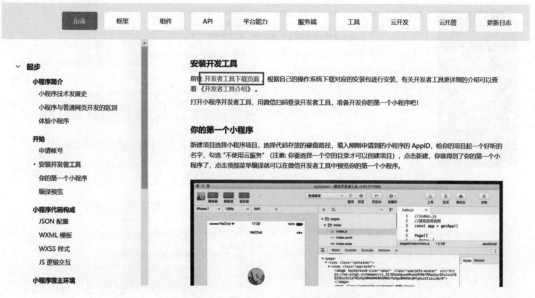

图1-12 微信小程序开发者工具下载链接

进入工具下载页面后,可以发现开发者工具分为稳定版、预发布版、开发版,如图1-13所示。为保证开发工具的稳定性,本书建议开发者选择稳定版,并根据计算机操作系统选择对应的软件进行下载。

图1-13 微信小程序开发者工具版本

下载完成后,用户会获得一个exe应用程序文件,如图1-14所示。
双击该文件进行开发者工具的安装,如图1-15所示。

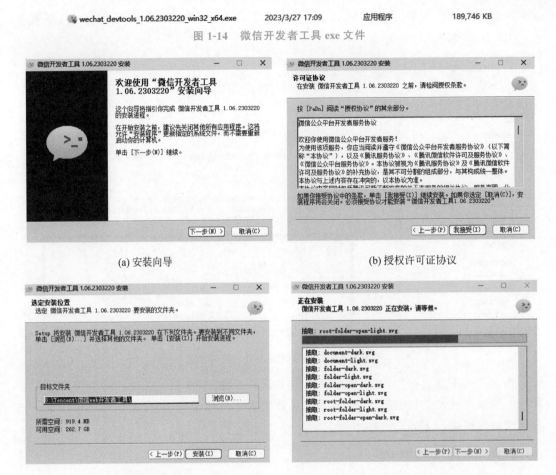

图 1-14　微信开发者工具 exe 文件

(a) 安装向导　　　　　　　　　　　(b) 授权许可证协议

(c) 选定安装位置　　　　　　　　　(d) 正在安装

图 1-15　微信小程序开发者工具安装过程

安装完成后,会提示"安装完成",单击"完成"按钮即可,如图 1-16 所示。

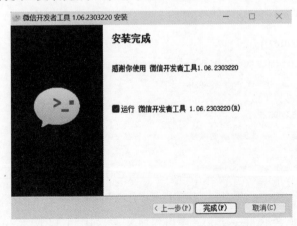

图 1-16　微信小程序开发者工具安装结束

双击桌面"微信开发者工具"图标,即可运行微信开发者工具,开发者用微信进行扫描登录,扫描成功后,在手机端点击"确认登录"按钮即可登录并使用微信开发者工具,如图1-17所示。

图1-17 扫描登录页面以及扫描成功页面

### 1.1.3 创建Hello World小程序

观看视频

双击打开微信开发者工具,在左侧导航栏选择"小程序",单击菜单栏中＋按钮,进入新建项目页面,如图1-18与图1-19所示。

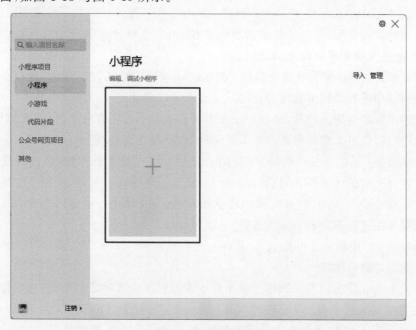

图1-18 新建小程序项目

图 1-19 新建项目页面

进入新建项目页面，开发者需要依次填写"项目名称"和 AppID，并选择"目录""开发模式""后端服务""模板选择"。填写注意事项如下。

- 项目名称：开发者可根据项目自定义一个项目名称。
- 目录：目录即项目目录，为项目代码包存放的路径地址，可以选择默认的目录，也可以选择自己新建的空文件夹所在的目录。
- AppID：每个小程序账号都有一个 AppID，小程序管理员可在微信公众平台查看自己的 AppID。必须填实际的小程序 AppID，否则部分功能将无法使用。如果开发者条件暂时受限，无法注册申请小程序 ID，可以选择 AppID 下方的测试号新建小程序，但是无法实现真机调试功能。
- 开发模式：开发模式有两个选项，分别是"小程序"和"插件"，其中，插件是可被添加到小程序内直接使用的功能组件。开发者可以像开发小程序一样开发一个插件，供其他小程序使用。同时，小程序开发者可直接在小程序内使用插件，无须重复开发，为用户提供更丰富的服务。本节案例选择"小程序"开发模式。
- 后端服务：后端服务可选择"不使用云服务"或"小程序云开发"。云开发为开发者提供完整的云端支持，弱化后端和运维概念，无须搭建服务器，使用平台提供的 API 进行核心业务开发，即可实现快速上线和迭代，同时这一能力同开发者已经使用的云服务相互兼容。本节案例选择"不使用云服务"。
- 模板选择：模板语言可选择 JavaScript 与 TypeScript，本书主要以 JavaScript 作为开发语言进行讲解。

小程序的 AppID 可以登录微信公众平台查看。登录小程序账号后，进入小程序后台管理页面，在左侧导航栏选择"开发管理"，顶部 tab 栏选择"开发设置"即可查看 AppID，如图 1-20 所示。该 AppID 需要单独记录和保存，以便于开发工具的登录。

图 1-20 查看小程序 AppID

填写完新建项目中的各个信息后,单击"新建"按钮完成 Hello World 小程序的新建,Hello World 小程序页面如图 1-21 所示。

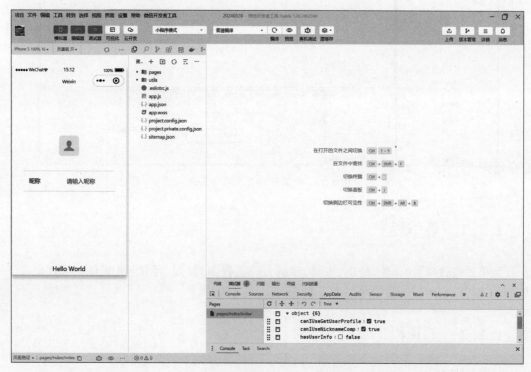

图 1-21 Hello World 小程序页面

到此为止,一个小程序的运行环境就搭建好了,可以看到简单的 Hello World 小程序呈现在面前,是不是有一点小小的成就感?

macOS 的小程序运营环境搭建步骤大体相似,本书不再赘述。

## 1.2 开发工具的介绍

为了帮助开发者更为简单、高效地开发和调试微信小程序,微信开发者工具集成了公众号网页调试和小程序调试两种开发模式。

开发者工具主页面,分别为菜单栏、工具栏、模拟器、编辑器、调试器 5 大部分,如图 1-22 所示。

图 1-22　微信开发者工具主页面

### 1.2.1 菜单栏

菜单栏包含项目、文件、编辑、工具、转到、选择、视图、界面、设置、帮助和微信开发者工具 12 大部分,它们的下拉菜单如图 1-23 所示。

### 1.2.2 工具栏

**1. 左侧区域**

工具栏的左侧区域包含个人中心、模拟器、编辑器、调试器、可视化和云开发 6 部分,如图 1-24 所示。

具体说明如下:

- 个人中心:账号切换和消息提醒;

# 第1章 微信小程序入门

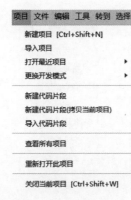

(a) "项目"下拉菜单　　(b) "文件"下拉菜单　　(c) "编辑"下拉菜单

(d) "工具"下拉菜单　　(e) "转到"下拉菜单　　(f) "选择"下拉菜单

图 1-23　菜单栏各项的下拉菜单

13

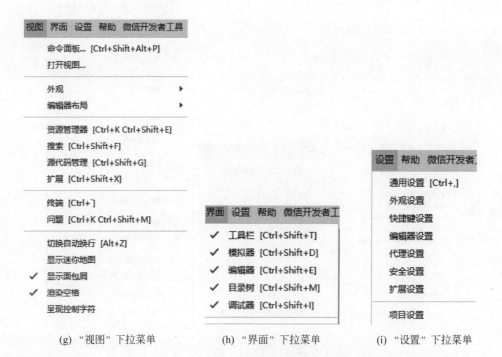

(g)"视图"下拉菜单　　(h)"界面"下拉菜单　　(i)"设置"下拉菜单

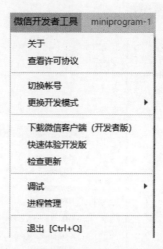

(j)"帮助"下拉菜单　　(k)"微信开发者工具"下拉菜单

图1-23　（续）

图1-24　工具栏的左侧区域

- 模拟器:单击切换显示/隐藏模拟器面板;
- 编辑器:单击切换显示/隐藏编辑器面板;
- 调试器:单击切换显示/隐藏调试器面板;
- 可视化:单机切换显示/隐藏可视化面板;
- 云开发:单击创建云开发。

**2. 中间区域**

工具栏的中间区域包含小程序模式、编译模式、编译、预览、真机调试和清缓存 6 部分,如图 1-25 所示。

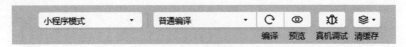

图 1-25 工具栏的中间区域

具体说明如下:
- 小程序模式:可选择小程序模式与插件模式;
- 编译模式:普通编译、自定义编译和通过二维码编译;
- 编译:单击该按钮编译小程序项目;
- 预览:单击该按钮生成二维码进行真机预览;
- 真机调试:单击该按钮生成二维码进行真机调试;
- 清缓存:可清除数据缓存、文件缓存、授权数据、网络缓存、登录状态与全部缓存。

**3. 右侧区域**

工具栏的右侧区域包含上传、版本管理、详情和消息 4 部分,如图 1-26 所示。

图 1-26 工具栏右侧区域

具体说明如下:
- 上传:将代码上传为开发版本;
- 版本管理:单击开启代码版本管理(使用 git 进行版本管理);
- 详情:显示项目详情、项目设置和域名信息;
- 消息:单击该按钮打开消息列表。

### 1.2.3 模拟器

模拟器在面板顶部,可以切换手机型号、显示比例和模拟网络连接状态,并进行模拟操作,模拟器底部的状态栏,可以直观地看到当前运行小程序的场景值、页面路径及页面参数,如图 1-27 所示。

图 1-27 模拟器面板

## 1.2.4 编辑器

编辑器包含项目目录结构区与代码编辑区,如图 1-28 所示。

## 1.2.5 调试器

调试器分为 13 大功能模块：Console、Sources、Network、Security、AppData、Audits、Sensor、Storage、Wxml、Performance、Memory、Mock、Vulnerability,如图 1-29 所示。

图 1-28 编辑器面板

图 1-29 调试器 tab 栏

**1. Console**

Console 是后台控制器,开发者可以在此输出自定义内容和调试代码,代码报错和警告会在此处显示。开发者可以在 JavaScript(以下为 js)文件中使用 console.log()语句查看代码的执行情况以及数据内容,如图 1-30 和图 1-31 所示。

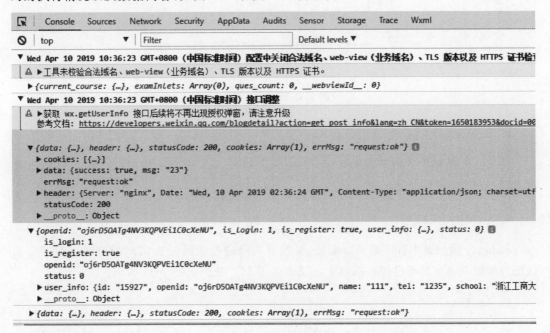

图 1-30 输出调试

图 1-31　定位报错

### 2. Sources

Sources 面板是小程序的资源面板，主要用于显示当前项目的脚本文件，与浏览器开发不同的是微信小程序框架会对脚本文件进行编译的工作，所以在 Sources 面板中，开发者看到的文件是经过处理之后的脚本文件，开发者的代码都会被包裹在 define() 函数中，并且对于 Page 代码，在尾部会有 require() 函数的主动调用。如图 1-32 所示。

图 1-32　Sources 面板

### 3. Network

Network 面板主要用于观察和显示 request 和 socket 的请求情况（请求接口，请求参数，返回值），如图 1-33 所示。

### 4. Security

Security 面板是小程序的安全面板，开发者可以通过该面板去调试当前网页的安全和认证等问题并确保是否已经在网站上正确地实现 HTTPS，如图 1-34 所示。

### 5. AppData

AppData 面板主要用于显示当前项目当前时刻 AppData 的具体数据，实时地反馈项目数据情况，开发者也可以在此处编辑数据，并及时地反馈到页面上，如图 1-35 所示。

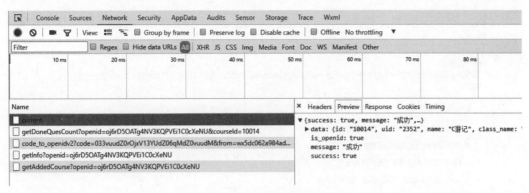

图 1-33　Network 面板

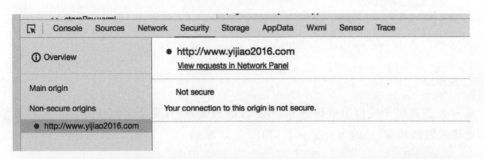

图 1-34　Security 面板

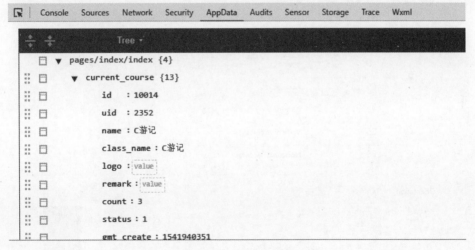

图 1-35　AppData 面板

### 6．Audits

　　Audits 面板主要具有体验评分功能，开发者单击"运行"按钮，并测试小程序项目，尽可能测试小程序中的所有页面，测试结束后，单击"停止"按钮，系统会在小程序运行过程中实时检查，分析出一些可能导致体验不好的地方，并定位出哪里有问题，以及给出一些优化建议，如图 1-36 所示。

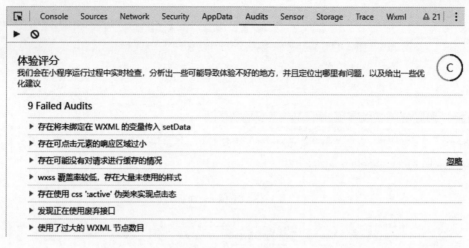

图 1-36　Audits 面板

### 7. Sensor

Sensor 面板用于模拟手机传感器，在 PC 端测试时，开发者可以手动录入传感器数据，例如地理位置经纬度、加速度计坐标等，如图 1-37 所示。

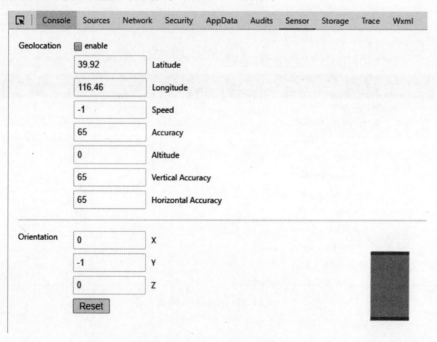

图 1-37　Sensor 面板

### 8. Storage

Storage 面板用于显示当前项目中使用 wx.setStorage 或者 wx.setStorageSync 后的本地数据存储情况，如图 1-38 所示。

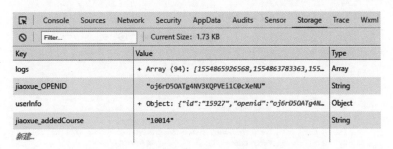

图 1-38　Storage 面板

### 9．Wxml

　　Wxml 面板是小程序的 WXML 代码预览面板，可以帮助开发者开发 WXML 转换后的页面。在这里可以看到真实的页面结构以及对应的 WXSS 属性，同时可以通过修改对应的 WXSS 属性，在模拟器中实时看到修改的情况。通过调试模块左上角的选择器，还可以快速找到页面中组件对应的 WXML 代码，如图 1-39 和图 1-40 所示。

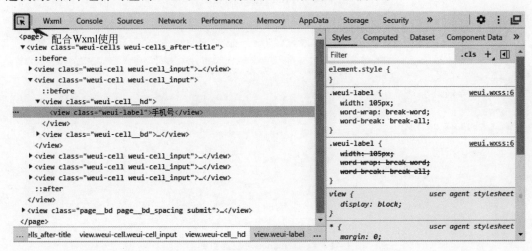

图 1-39　Wxml 面板

### 10．Performance

　　可以查看用户访问网站的各项性能数据，如连接建立的时间、DNS 解析的时间、网站内容响应的时间、各项图片加载的时间等，如图 1-41 所示。

### 11．Memory

　　可以查看当前小程序的内存分配情况，用来排查内存泄漏问题。Heap snapshot：用以打印堆快照，堆快照文件显示页面的 JavaScript 对象和相关 DOM 节点之间的内存分配；Allocation instrumentation on timeline：在时间轴上记录内存信息，随着时间变化记录内存信息；Allocation sampling：内存信息采样，使用采样的方法记录内存分配，如图 1-42 所示。

图 1-40 Wxml 对应的页面组件

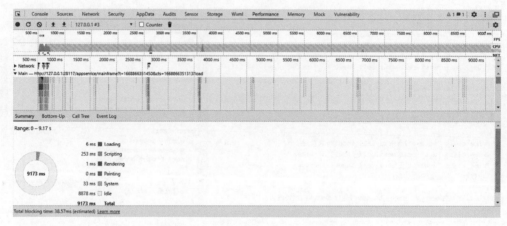

图 1-41 Performance 对应的页面组件

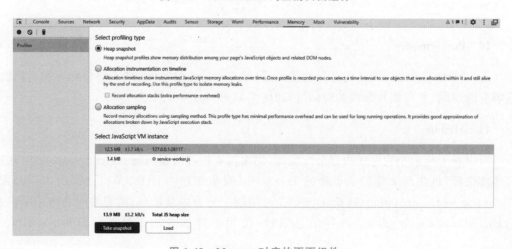

图 1-42 Memory 对应的页面组件

## 12. Mock

Mock 面板可以自己填写相关接口的参数、返回数据,从而模拟 API 的调用结果,如图 1-43 所示。

图 1-43　Mock 对应的页面组件

## 13. Vulnerability

Vulnerability 面板是一种安全管理工具,可以帮助企业在安全问题变成严重的网络安全问题之前识别和修复潜在的安全问题。通过防止数据泄露和其他安全事件、漏洞管理,有助于保护公司声誉和底线,避免潜在的损害,如图 1-44 所示。

图 1-44　Vulnerability 对应的页面组件

## 1.3　小程序目录结构

小程序的目录结构主要包含项目配置文件、主体文件、页面文件和其他文件。本节将基于 1.1.3 节创建的 Hello World 小程序对目录结构进行分析,并对 Hello World 小程序进行理解与简单修改。

### 1.3.1 项目配置文件

新建小程序时,都会自动生成一个项目配置文件,即项目根目录下的 project.config.json 文件,如图 1-45 所示。项目配置文件主要通过定义项目名称、AppID 等内容来对项目进行配置。

### 1.3.2 主体文件

一个小程序项目的主体文件由 3 个文件组成,且必须放在项目的根目录下,如图 1-46 所示。

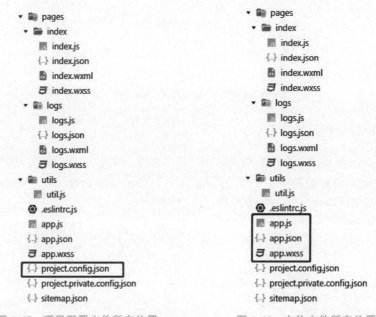

图 1-45  项目配置文件所在位置　　　图 1-46  主体文件所在位置

主体文件均以 app 为前缀,分别是 app.js、app.json 和 app.wxss,文件的作用如图 1-47 所示。

| 文件 | 是否必需 | 作用 |
| --- | --- | --- |
| app.js | 是 | 小程序逻辑 |
| app.json | 是 | 小程序公共配置 |
| app.wxss | 否 | 小程序公共样式表 |

图 1-47  主体文件作用

**1. app.js**

app.js 使用系统的方法处理全局文件，在整个小程序中，每一个框架页面和文件都可以使用 this 获取文件中规定的函数和数据。每个小程序都会有一个 app.js 文件，有且只有一个，位于项目的根目录。

该文件中的 App() 函数用于注册一个小程序，如图 1-48 所示。接受一个 object 参数，其指定小程序的生命周期函数等。详见 https://developers.weixin.qq.com/miniprogram/dev/framework/app-service/app.html。

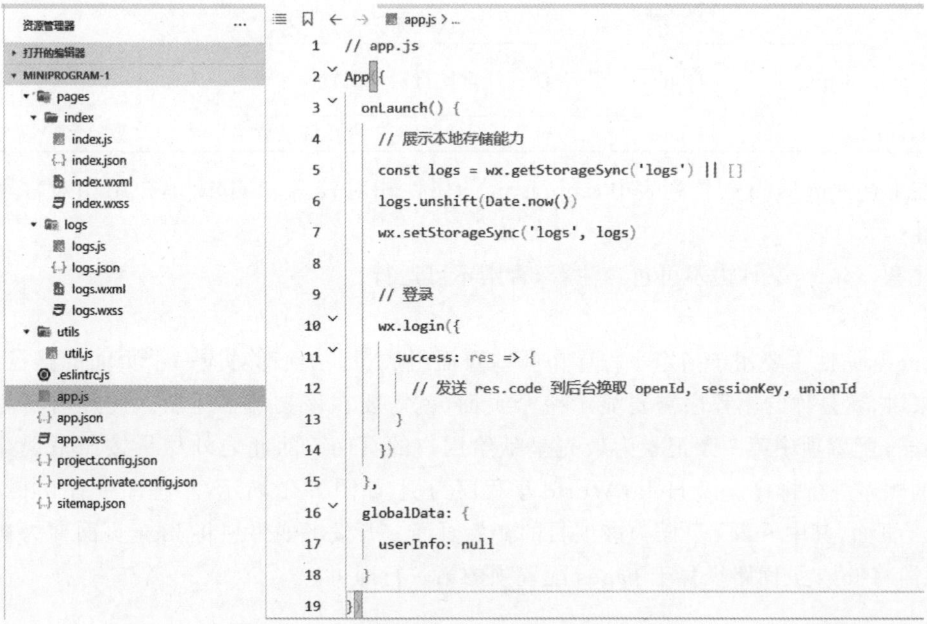

图 1-48　App() 函数

**2. app.json**

app.json 文件用于对微信小程序进行全局配置，决定页面文件的路径、窗口表现、设置网络超时时间、设置多 tab 等，详见表 1-1。

表 1-1　全局配置文件 app.json 属性

| 属　　性 | 类型 | 是否必填 | 描　　述 | 最低版本 |
| --- | --- | --- | --- | --- |
| entryPagePath | string | 否 | 小程序默认启动首页 | |
| pages | string[] | 是 | 页面路径列表 | |
| window | Object | 否 | 全局的默认窗口表现 | |
| tabBar | Object | 否 | 底部 tab 栏的表现 | |
| networkTimeout | Object | 否 | 网络超时时间 | |
| debug | boolean | 否 | 是否开启 debug 模式，默认关闭 | |
| functionalPages | boolean | 否 | 是否启用插件功能页，默认关闭 | 2.1.0 |
| subpackages | Object[] | 否 | 分包结构配置 | 1.7.3 |

续表

| 属　　性 | 类型 | 是否必填 | 描　　述 | 最低版本 |
|---|---|---|---|---|
| workers | string | 否 | Worker代码放置目录 | 1.9.90 |
| requireBackgroundModes | string[] | 否 | 需要在后台使用能力,如［音乐播放］ | |
| requiredPrivateInfos | string[] | 否 | 调用的地理位置相关隐私接口 | |
| plugins | Object | 否 | 使用到的插件 | 1.9.6 |
| preloadRule | Object | 否 | 分包预下载规则 | 2.3.0 |
| resizable | boolean | 否 | iPad小程序是否支持屏幕旋转,默认关闭 | 2.4.0 |
| usingComponents | Object | 否 | 全局自定义配置 | 开发者工具 1.02.1810190 |
| permission | Object | 否 | 小程序接口权限相关设置 | 微信客户端7.0.0 |

在上述app.json配置列表中,app.json的属性相对较多,本节简单介绍相对常用的几个属性。

注意,app.js文件内不可包含注释,否则不可运行。

1）pages

pages属性主要用于指定小程序由哪些页面组成,每一项都对应一个页面的路径地址。通俗来讲,就是你的小程序需要显示一个页面,就需要在该文件中注册。此外需要注意一点,pages配置项中第一条记录为最先呈献给用户的页面。除此之外尽量按照呈现给用户页面的顺序进行排序。以Hello World小程序为例,如图1-49所示,小程序中有index页面和logs页面,其中index页面为该项目的初始页面。开发者如果想将logs页面变为初始页面,只需将logs页面路径移于pages配置项的第一行即可。

图1-49　app.json配置项pages

2) window

window 属性主要用于设置小程序的状态栏、导航栏、标题与窗口背景颜色等,具体所包含的属性如表 1-2 所示。

表 1-2  window 属性

| 属性 | 类型 | 默认值 | 描述 | 最低版本 |
| --- | --- | --- | --- | --- |
| navigationBarBackgroundColor | HexColor | #000000 | 导航栏背景颜色 | |
| navigationBarTextStyle | string | white | 导航栏标题颜色,仅支持 black/white | |
| navigationBarTitleText | string | | 导航栏标题文字内容 | |
| navigationStyle | string | default | 导航栏样式,仅支持以下值:default/custom | 微信客户端 6.6.0 |
| backgroundColor | HexColor | #ffffff | 窗口的背景色 | |
| backgroundTextStyle | string | dark | 下拉加载的样式,仅支持 dark/light | |
| backgroundColorTop | string | #ffffff | 顶部窗口的背景色,仅 iOS 支持 | 微信客户端 6.5.16 |
| backgroundColorBottom | string | #ffffff | 底部窗口的背景色,仅 iOS 支持 | 微信客户端 6.5.16 |
| enablePullDownRefresh | boolean | false | 是否开启全局的下拉刷新 | |
| onReachBottomDistance | number | 50 | 页面上拉触底事件触发时距页面底部距离,单位为 px | |
| pageOrientation | string | portrait | 屏幕旋转设置,支持 auto/portrait/landscape | 2.4.0(auto)/2.5.0(landscape) |

**注意**:HexColor 的属性只支持十六进制颜色值,如"#ff00ff",大小写不限。

window 属性的作用区域,如图 1-50 所示。

图 1-50  window 属性的作用区域

3) tabBar

如果小程序是一个多 tab 应用(客户端窗口的底部或顶部有 tab 栏可以切换页面),可以通过 tabBar 配置项指定 tab 栏的表现,以及 tab 切换时显示的对应页面。tabBar 属性如表 1-3 所示。

表 1-3  tabBar 属性

| 属性 | 类型 | 是否必填 | 默认值 | 描述 |
| --- | --- | --- | --- | --- |
| color | HexColor | 是 | | tab 上的文字默认颜色,仅支持十六进制颜色 |
| selectedColor | HexColor | 是 | | tab 上的文字选中时的颜色,仅支持十六进制颜色 |
| backgroundColor | HexColor | 是 | | tab 的背景色,仅支持十六进制颜色 |
| borderStyle | string | 否 | black | tabBar 上边框的颜色,仅支持 black/white |
| list | Array | 是 | | tab 的列表,详见 list 属性 |
| position | string | 否 | bottom | tabBar 的位置,仅支持 bottom/top |
| custom | boolean | 否 | false | 自定义 tabBar |

其中 list 接收一个数组,只能配置最少 2 个、最多 5 个 tab。tab 按数组的顺序排序,每个项都是一个对象,其属性如表 1-4 所示。

表 1-4  list 属性

| 属性 | 类型 | 是否必填 | 说明 |
| --- | --- | --- | --- |
| pagePath | string | 是 | 页面路径,必须在 pages 中先定义 |
| text | string | 是 | tab 上按钮文字 |
| iconPath | string | 否 | 图片路径,icon 大小限制为 40KB,建议尺寸为 81px * 81px,不支持网络图片。当 position 为 top 时,不显示 icon |
| selectedIconPath | string | 否 | 选中时的图片路径,icon 大小限制为 40KB,建议尺寸为 81px * 81px,不支持网络图片。当 position 为 top 时,不显示 icon |

tabBar 属性的作用区域,如图 1-51 所示。

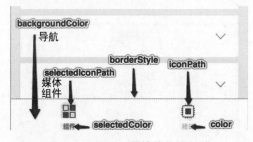

图 1-51  tabBar 属性的作用区域

app.json 文件中的其他属性在后续案例中使用到时再仔细讲解,本节就不再赘述了。

### 3. app.wxss

app.wxss 文件是小程序的全局样式文件,作用于每一个页面。其中,WXSS 是一种样式语言,用于描述 WXML 的组件样式。该文件是可选文件,如果没有全局样式规定,可以省略不写。app.wxss 文件中的代码如图 1-52 所示。

```
1  /**app.wxss**/
2  .container {
3      height: 100%;
4      display: flex;
5      flex-direction: column;
6      align-items: center;
7      justify-content: space-between;
8      padding: 200rpx 0;
9      box-sizing: border-box;
10 }
11
```

图 1-52　app.wxss 文件代码

## 1.3.3　页面文件

一个小程序页面由 4 个文件组成，如表 1-5 所示。

表 1-5　页面文件组成

| 文件类型 | 是否必需 | 作　　用 |
| --- | --- | --- |
| js | 是 | 页面逻辑 |
| wxml | 是 | 页面结构 |
| json | 否 | 页面配置 |
| wxss | 否 | 页面样式表 |

**1. js 文件**

对于小程序中的每个页面，都需要在页面对应的 js（即 JavaScript）文件中调用 Page() 方法注册页面示例，指定页面初始数据、生命周期回调、事件处理函数等。

**2. wxml 文件**

WXML（WeiXin Markup Language）是框架设计的一种标签语言，结合基础组件、事件系统，可以构建出页面的结构。wxml 文件主要具有数据绑定、列表渲染、条件渲染、模板和引用的功能。具体如何使用会在后面章节中涉及时做介绍。

**3. json 文件**

每一个小程序页面也可以使用同名的 json 文件来对本页面的窗口表现进行配置，页面中配置项会覆盖 app.json 的 window 属性中相同的配置项。新设置的选项只会显示在当前页面上，不会影响其他页面。

### 4. wxss 文件

WXSS（WeiXin Style Sheet）是一种样式语言，用于描述 WXML 的组件样式。在页面文件中主要用于设置当前的样式效果，该文件中规定的样式会覆盖 app.wxss 全局样式中产生冲突的样式，但不会影响其他页面。

## 1.3.4 其他文件

除了前几节介绍的常用文件外，小程序还允许用户自定义路径和文件名，用于创建一些辅助文件。如本章新建的 Hello World 小程序中 utils 文件夹就是用来存放公共 js 文件，如图 1-53 所示。

全局调用自定义的 js 文件前需要在被调用的 js 文件中使用 module.exports＝{可被调用的函数}进行声明，如图 1-54 所示。

在调用时只需在文件中加入 const https = require('文件目录')；即可调用，如图 1-55 所示。

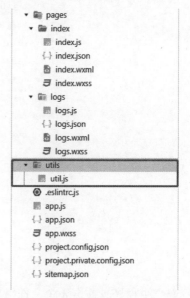

图 1-53　utils 文件夹

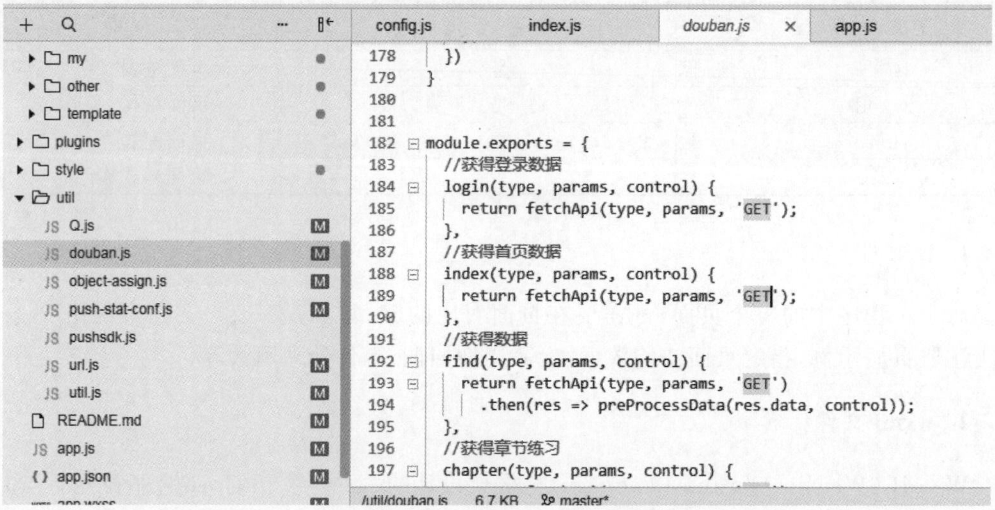

图 1-54　全局调用

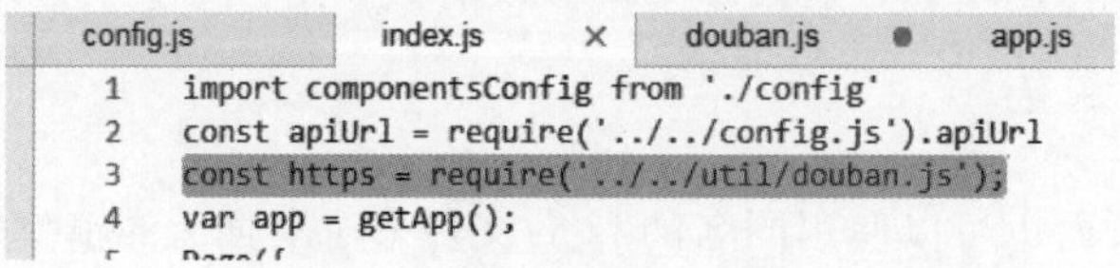

图 1-55　全局变量调用方法

## 1.4 小程序开发入门

在 1.3 节中,我们以 Hello World 小程序项目为例,简单介绍了小程序的目录结构,接下来我们来看看小程序框架,并对 Hello World 小程序进行简单修改来更深刻理解微信小程序开发。

### 1.4.1 微信小程序框架

微信小程序开发主要基于 MVC 框架,即模型、视图和控制器。模型层在这里体现得不是很明显,大部分时候都以全局变量或页面局部变量的形式存在,一般存在于控制器中。视图由 wxml 文件表示,它将控制器得到的数据通过 wxml 文件进行组合和渲染。而视图与控制器的交互通过绑定事件的形式触发控制器各个函数的执行,大部分事件会传递目标节点对象作为其参数。

当新建项目时,会建立小程序主控制逻辑与配置文件,其中包括 app.js(控制小程序逻辑,响应生命周期回调函数操作,定义全局变量等),此文件用于注册小程序;app.json(小程序窗口、特性配置、下拉刷新、导航栏配置、tabBar 等);app.wxss(样式配置)。

接下来具体的页面操作才是和用户交互的真正载体,每个页面都单独存放一个文件夹,方便管理,同时 WAService 会对此文件夹中的页面样式文件进行渲染。每个页面都由 js 文件进行控制,wxml 进行布局,wxss 进行样式设置。用于响应生命周期的方法有 onLoad()(监听页面加载)、onReady()(监听页面初次渲染完成)、onShow()(监听页面显示)、onHide()(监听页面隐藏)、onUnload()(监听页面卸载)。

### 1.4.2 Hello World 小程序简单修改

**1. 修改 window 属性**

打开新建好的 Hello World 小程序,通过 app.json 的 pages 字段可以知道当前小程序的所有页面路径。

```
{
  "pages":[
    "pages/index/index",
    "pages/logs/logs"
  ]
}
```

这个配置说明在 Hello World 小程序项目中定义了两个页面,分别位于 pages/index/index 和 pages/logs/logs。而写在 pages 字段的第一个页面 pages/index/index 就是我们进入这个小程序之后的首页(打开小程序看到的第一个页面)。于是,微信客户端就把首页的代码装载进来,通过小程序底层的一些机制,即可渲染出首页。小程序启动之后,在 app.js

定义的 App 实例的 onLaunch 回调会被执行。

```
App({
  onLaunch: function () {
    // 小程序启动之后触发
  }
})
```

对于 window 字段，可以理解为页面外观的一些显示。

```
"window": {
  "navigationBarTextStyle": "black",
  "navigationBarTitleText": "Weixin",
  "navigationBarBackgroundColor": "#ffffff"
}
```

修改一下 window 属性的值，逐一将 navigationBarBackgroundColor 的值改为♯0ca，navigationBarTitleText 的值改为"微信"，navigationBarTextStyle 的值改为 white。每修改一个值编译一次代码，观察模拟器中页面的变化，更好地体会每个值对应的作用区域在哪里，修改后的代码如图 1-56 所示。

修改完上述值，会发现页面发生改变，如图 1-57 所示。

图 1-56　修改 window 属性值　　　图 1-57　Hello World 修改 window
　　　　　　　　　　　　　　　　　　　　　属性值后的页面

**2. 数据绑定**

Hello World 小程序中涉及的是简单的数据绑定,数据绑定使用 Mustache 语法(双花括号)将变量包起来。该项目中主要作用于内容,index.wxml 和 index.js 文件对应的代码如下:

```
<!-- index.wxml -->
<view>{{ message }}</view>

//index.js
Page({
  data: {
    message: 'Hello MINA!'
  }
})
```

js 文件中,在 Page()方法的 data 数组中定义了 message 变量,并给 message 附上初始值 Hello MINA!,然后在 wxml 文件中使用{{message}},将 message 的值显示在页面上。以上为数据绑定的例子。

回到 Hello World 小程序项目中,其中{{motto}}的值为 Hello World,userInfo 为数组,主要存储了用户的信息,{{userInfo.avatarUrl}}和{{userInfo.nickName}}分别为微信用户的头像和昵称,如图 1-58 和图 1-59 所示。

```
<!--index.wxml-->
<scroll-view class="scrollarea" scroll-y type="list">
  <view class="container">
    <view class="userinfo">
      <block wx:if="{{canIUseNicknameComp && !hasUserInfo}}">
        <button class="avatar-wrapper" open-type="chooseAvatar" bind:chooseavatar="onChooseAvatar">
          <image class="avatar" src="{{userInfo.avatarUrl}}"></image>
        </button>
        <view class="nickname-wrapper">
          <text class="nickname-label">昵称</text>
          <input type="nickname" class="nickname-input" placeholder="请输入昵称" bind:change="onInputChange" />
        </view>
      </block>
      <block wx:elif="{{!hasUserInfo}}">
        <button wx:if="{{canIUseGetUserProfile}}" bindtap="getUserProfile"> 获取头像昵称 </button>
        <view wx:else> 请使用2.10.4及以上版本基础库 </view>
      </block>
      <block wx:else>
        <image bindtap="bindViewTap" class="userinfo-avatar" src="{{userInfo.avatarUrl}}" mode="cover"></image>
        <text class="userinfo-nickname">{{userInfo.nickName}}</text>
      </block>
    </view>
    <view class="usermotto">
      <text class="user-motto">{{motto}}</text>
    </view>
  </view>
</scroll-view>
```

图 1-58　Hello World 主页面变量

图 1-59　js 文件中 data 数组的变量定义

接下来可以修改一下 js 文件中 motto 的初始值，如图 1-60 所示，修改后效果如图 1-61 所示。

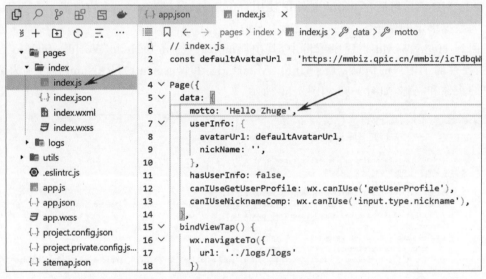

图 1-60　修改 motto 变量值

再修改一下动态获取的昵称。现在的模拟器面板还未显示头像和昵称，需要手动输入。点击头像，选择"用微信头像"，再点击"请输入昵称"按钮，选择"用微信昵称"，之后面板上就会显示头像和昵称，如图 1-62 所示。

在/page/index/index.wxml 文件中，将第 20 行的{{userInfo.nickName}}修改为你想要的任何名字，如图 1-63 所示，然后使用 Ctrl＋S 组合键保存修改的内容，模拟器面板就会显示修改后的值，如图 1-64 所示。在这里之所以不使用编译而使用保存的方法，是因为只有当 data 里面的 hasUserInfo 为 true 时，才会显示头像和昵称，而其默认值为 false，需要输入头像和昵称之后才会变为 true，另外使用编译会导致 hasUserInfo 变回默认值 false，而使用保存不会，所以为了方便起见，这里使用保存的方法。

图 1-61　Hello Zhuge 页面

图 1-62　动态获取昵称

```
<!--index.wxml-->
<scroll-view class="scrollarea" scroll-y type="list">
  <view class="container">
    <view class="userinfo">
      <block wx:if="{{canIUseNicknameComp && !hasUserInfo}}">
        <button class="avatar-wrapper" open-type="chooseAvatar" bind:chooseavatar="onChooseAva
          <image class="avatar" src="{{userInfo.avatarUrl}}"></image>
        </button>
        <view class="nickname-wrapper">
          <text class="nickname-label">昵称</text>
          <input type="nickname" class="nickname-input" placeholder="请输入昵称" bind:change="o
        </view>
      </block>
      <block wx:elif="{{!hasUserInfo}}">
        <button wx:if="{{canIUseGetUserProfile}}" bindtap="getUserProfile"> 获取头像昵称 </butt
        <view wx:else> 请使用2.10.4及以上版本基础库 </view>
      </block>
      <block wx:else>
        <image bindtap="bindViewTap" class="userinfo-avatar" src="{{userInfo.avatarUrl}}" mode
        <text class="userinfo-nickname">大佬</text>
      </block>
    </view>
    <view class="usermotto">
      <text class="user-motto">{{motto}}</text>
    </view>
  </view>
</scroll-view>
```

图 1-63　不显示 open-data 内容

图 1-64　昵称修改示例

## 3. 添加 tabBar

给 Hello World 小程序添加一个 tabBar，代码如下：

```
"tabBar": {
  "list": [
    {
      "pagePath": "pages/index/index",
      "text": "主页面",
      "iconPath": "images/tab_account1.png",
      "selectedIconPath": "images/tab_account2.png"
    },
    {
      "pagePath": "pages/logs/logs",
      "text": "日志",
      "iconPath": "images/tab_course1.png",
      "selectedIconPath": "images/tab_course2.png"
    }
  ]
}
```

新建 images 文件夹，用于存放 icon 的图片，images 的添加方法有两种：①单击目录结构区左上方的＋按钮，单击"目录"，并命名为 images；②打开项目存放目录，在项目文件夹下新建 images 文件夹，如图 1-65 所示。

图 1-65　images 存放目录

将 icon 的图片粘贴到 images 文件夹下，即可将图片放置于 images 目录下，如图 1-66 所示。

开发者可以在网站上下载自己需要的 icon，如图 1-67 所示。

图 1-66　icon 图片存放目录

图 1-67　在网站下载 icon

## 1.5　作业思考

**一、讨论题**

1. 开发工具中,稳定版、预发布版、开发版、小游戏版有什么区别?

2. 微信小程序使用手机预览和真机调试有什么区别？
3. 如何实现 tabBar 的隐藏和显示？
4. 你知道微信小程序有哪些发展历程吗？它对人们的生活又有哪些影响？

二、单选题

1. 以下（　　）文件是小程序的全局逻辑文件。
   A. project.config.json　　　　　　　　B. app.js
   C. app.json　　　　　　　　　　　　　D. app.wxss

2. 小程序注册的账号是（　　）。
   A. 学号　　　　B. 邮箱　　　　C. 手机号　　　　D. 微信号

3. 微信小程序于（　　）正式发布。
   A. 2017 年 1 月 9 日　　　　　　　　B. 2018 年 1 月 9 日
   C. 2016 年 1 月 9 日　　　　　　　　D. 2015 年 1 月 9 日

4. 新建项目时需要填写 AppID，关于此项内容以下说法不正确的是（　　）。
   A. 不填写 AppID 就无法成功创建项目
   B. 只有填写了 AppID 的项目才可以进行手机预览
   C. 如果填写了与开发者无关的 AppID 是无法创建成功的
   D. AppID 也称为小程序 ID，每个账号的 ID 都是唯一的

5. 小程序根据开发阶段可以分为不同的版本，这些版本不包括（　　）。
   A. 开发版　　　B. 体验版　　　C. 线上版　　　D. 内部版

6. 在创建完成的第一个小程序项目中，project.config.json 文件属于（　　）。
   A. 主体文件　　B. 项目配置文件　　C. 页面文件　　D. 其他文件

7. 已知 wxml 页面上有< view >{{msg}}</ view >，在 js 页面上有 Page({data:{msg:'hello'}})，那么页面最终显示的文字效果是（　　）。
   A. {{msg}}　　　B. msg　　　C. {{hello}}　　　D. hello

8. 关于小程序成员类型，不包含（　　）。
   A. 开发者　　　B. 管理员　　　C. 体验者　　　D. 审核者

9. 关于小程序账号的注册，以下说明不正确的是（　　）。
   A. 一个手机号只能注册一个小程序
   B. 一个邮箱只能注册一个小程序
   C. 注册时需要填写身份证号
   D. 个人类型必须是年满 18 周岁以上的微信实名用户

10. app.json 中的 tabBar 属性可以用于规定 tab 工具栏切换多页面效果。其中页面最少必须有 2 个，最多只能有（　　）个。
   A. 3　　　　　B. 4　　　　　C. 5　　　　　D. 6

# 第2章

# "C语言习题测试"案例开发

## 微信生态圈与小程序经济圈(联系的观点看待事物)

张小龙在论述手机微信的观念时说,手机微信所需塑造的是一整片山林。山林是一个环境,能让所有的一些生物制品或者动物与植物能够在山林里头自由生长发育。现在的微信生态主要在小程序、视频号、私域流量与微信支付几方面。

微信小程序也符合手机微信的这种观念。实际上,手机微信紧扣微信开发绿色生态主要经历了两个阶段:首先是造"山林",因此整个2017年,手机微信持续推出微信小程序功能,平均一周半公布一次新能力,逐渐形成了微信小程序的产品形状;其次是"培养种群",让更多的开发人员可以自由地开发产品,并实现爆发式增长与流量变现,为此,微信小程序逐渐向游戏等类目开放,同时采取了软广告和游戏分成等措施来支持开发者。

在微信生态中,小程序也逐渐形成了自己的经济圈,它根据"微信"新基建构建而成。它是以微信小程序为中心枢纽,链接微信支付、企业微信、微信AI、微信搜一搜等微信生态功能,构成一套共同的全景生态矩阵,深度助力各职业与工业,从而产生巨大社会经济价值的经济形态。

同时,小程序经济圈的形成也符合了我国现代国情的需要。在内循环年代,中国经济需要建设两个圈,一个是线下经济圈,另一个是线上经济圈,并完成"双圈联动",在这个过程中,微信小程序逐步成为助力线上经济一体化的重要推手。

微信生态与小程序经济圈的形成体现了张小龙长远的眼光与高明的布局,他将各个模块互相打通,从而产生"1+1>2"的整体效果,我们在生活中也应当用联系的观点看待事物。

本章我们思考如何建立心理测试程序与C语言测试开发内容之间的联系,通过对网上下载的心理测试案例进行修改来尝试掌握简单的C语言测试小程序项目的开发。首先,下载心理测试程序的源代码,并将心理测试项目导入小程序开发工具,在理解心理测试原理和功能的基础上,对心理测试的代码进行个性化修改,实现C语言习题测试的功能。

# 2.1 心理测试小程序安装与理解

观看视频

本节首先下载心理测试小程序并将其导入微信开发者工具,然后介绍心理测试小程序涉及的知识点,最后帮助开发者更好地理解整个心理测试小程序的代码。

## 2.1.1 心理测试小程序安装

心理测试源代码下载地址为 https://github.com/Silverados/We-AnswerPage,单击链接后出现如图 2-1 所示的页面。如果没有 GitHub 的账号可以先自行申请一个账号后,再进行代码的下载。

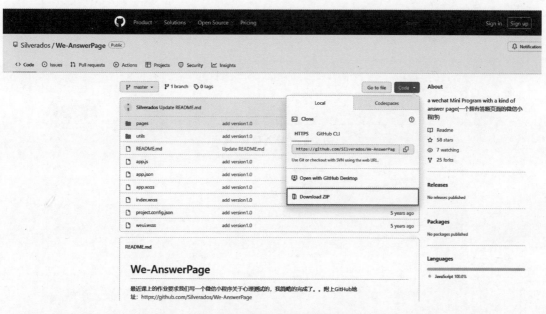

图 2-1 心理测试源代码下载页面

单击 Code 按钮,再选择 Download ZIP 将源代码下载下来。源代码为一个压缩包,需要解压,将源代码解压后,双击"微信开发者工具",并选择新建小程序,如图 2-2 所示。选择导入项目,其中,在选择项目目录时需要选择包含 app.json 和 project.config.json 的目录。

选好目录后,开发者可以自定义项目名称,并填入 AppID,最后单击"导入"按钮,即可成功导入心理测试小程序,打开后如图 2-3 所示。代码目录如图 2-4 所示。

单击"开始测试"按钮,体验小程序的功能并查看各个目录的简单配置。可以看到如图 2-5 所示的结果。

完成心理测试后,最后跳转至测试结果页面,在该页面可看到测试者在测试过程中选择 A、B、C 选项的次数,并告诉测试者属于什么类型,如图 2-6 所示。

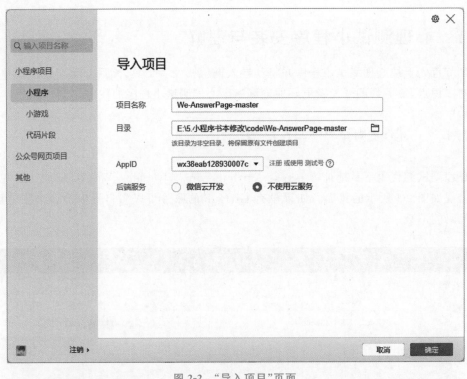

图 2-2 "导入项目"页面

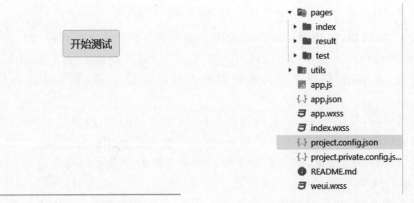

图 2-3 测试页面首页　　　　　　图 2-4 心理测试代码目录

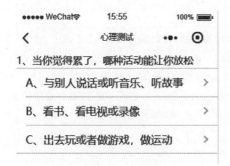
图 2-5　做题页面

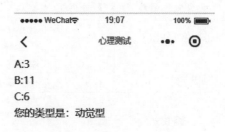
图 2-6　心理测试结果页面

## 2.1.2　心理测试小程序知识点理解

心理测试小程序主要包括 3 个页面，分别是 index、test 和 result 页面，在理解心理测试代码之前，先学习代码中涉及的几个知识点。

**1. bindtap 事件绑定**

事件是视图层到逻辑层的通信方式。事件可以将用户的行为反馈到逻辑层进行处理。事件可以绑定在组件上，当达到触发事件时，就会执行逻辑层中对应的事件处理函数。代码示例如下。

```
<!-- index.wxml -->
<view class = "begininfo">
  <button bindtap = 'beginAnswer'> 开始测试 </button>
</view>

//index.js
beginAnswer: function() {
    wx.navigateTo({
        url: '../test/test'
    })
}
```

在 index.wxml 文件中，将 bindtap 事件绑定在 button 组件上，其中 bindtap='beginAnswer'。当测试者单击"开始测试"按钮时，会触发事件，就会执行 index.js 中对应的事件处理函数 beginAnswer()，该事件处理函数在触发后，执行页面跳转，跳转至 test 页面。

心理测试小程序中总共有 4 个事件，其事件处理函数对应的事件触发结果如表 2-1 所示。

表 2-1　心理测试中的事件处理函数

| 事件处理函数 | 所处页面 | 事件触发结果 |
| --- | --- | --- |
| beginAnswer() | index | 跳转至 test 页面 |
| answerClickA() | test | 显示下一题，并判断 A 对应的是题库中哪个选项，给对应选项的值+1，满足 index=20 时，跳转至 result 页面 |

续表

| 事件处理函数 | 所处页面 | 事件触发结果 |
|---|---|---|
| answerClickB() | test | 显示下一题,并判断B对应的是题库中哪个选项,给对应选项的值+1,满足index=20时,跳转至result页面 |
| answerClickC() | test | 显示下一题,并判断B对应的是题库中哪个选项,给对应选项的值+1,满足index=20时,跳转至result页面 |

**2. 路由**

小程序API中的路由共有5种,详见表2-2。

表2-2 小程序API中的路由

| 路　由 | 路　由　规　则 |
|---|---|
| wx.switchTab | 跳转至tabBar页面,并关闭其他所有非tabBar页面 |
| wx.reLaunch | 关闭所有页面,打开到应用内的某个页面 |
| wx.redirectTo | 关闭当前页面,跳转至应用内的某个页面,但是不允许跳转至tabBar页面 |
| wx.navigateTo | 保留当前页面,跳转至应用内的某个页面,但是不能跳转至tabBar页面。使用wx.navigateBack可以返回原页面。小程序中页面栈最多10层 |
| wx.navigateBack | 关闭当前页面,返回上一页面或多级页面。可通过getCurrentPages获取当前的页面栈,决定需要返回几层 |

其中心理测试小程序中用到了wx.navigateTo和wx.redirectTo,下面通过修改index.js中的路由来看一下两个路由之间的区别。一开始,index.js文件的事件处理函数beginAnswer()中使用的是wx.navigateTo,此时test与result页面如图2-7和图2-8所示,进入test和result页面均可单击<按钮回到index页面。

图2-7　test初始页面　　　　　图2-8　result初始页面

如果将wx.navigateTo改为wx.redirectTo,会发现页面左上角的<按钮不见了,无法回到index页面,如图2-9和图2-10所示。

**3. 声明变量与变量赋值**

1) 声明变量

在js文件中,未在data数组中定义的变量,可以通过var语句来进行变量声明,在声明

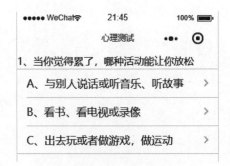 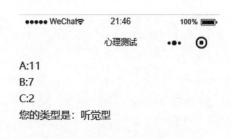

图 2-9　test 修改后页面　　　　图 2-10　result 修改后页面

变量的同时也可以向变量赋值,如 test.js 文件中的一段代码:

```
setList: function () {
    var newList = this.data.list.sort(this.randSort);
    this.setData({
        list: newList,
    });
},
```

2) 变量赋值

在 js 文件的函数中给变量赋值的方法有两种。这里举一个简单的例子,首先将 index.wxml 文件中 button 的"开始测试"改为{{msg}},使 button 中的文字变成一个变量,然后在 index.js 文件的 data 数组中添加变量 msg,并赋予初值"开始测试",最后对事件处理函数 beginAnswer()进行修改,代码如下。

```
<!-- index.wxml -->
< view class = "begininfo">
< button bindtap = 'beginAnswer'> {{msg}} </button >
</view >

//index.js
Page({
  data: {
    msg:'开始测试'
  },
  //事件处理函数
  beginAnswer: function () {
    this.setData({
        msg:'测试结束'
    })
  },
})
```

使用 this.setData({ })可以将数据从逻辑层发送到视图层(异步),同时改变对应的 this.data 的值(同步),当单击"开始测试"按钮时,msg 的值变为"测试结束",页面按钮中文字内容也变为"测试结束"。

如果将 this.setData({ })改为使用 this.data.msg = '测试结束'来改变 msg 变量的

值,会发现虽然可以改变 msg 的值,但是页面不会更新,如图 2-11 和图 2-12 所示。

```
//index.js
Page({
  data: {
    msg:'开始测试'
  },
  //事件处理函数
  beginAnswer: function () {
    this.data.msg = '测试结束'
    console.log('msg 的值：',this.data.msg)
  },
})
```

图 2-11　按钮文字内容

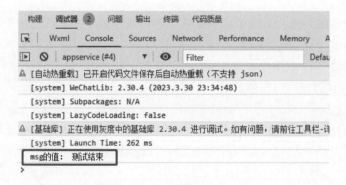

图 2-12　打印查看 msg 值的变化

总的来说,this.setData 是用来更新页面数据的,this.data 是用来获取页面 data 对象的,它们都可以用于给变量赋值。注意,this.setData 中不能使用 console.log()语句,如果需要查看赋值后变量的值,需要在 this.setData({ })语句外使用 console.log()打印变量的值。

**4. 相对路径与绝对路径**

1) 相对路径

在 index.js 文件中,事件处理函数 beginAnswer()中 wx.navigateTo 路由的 url 使用的就是相对路径,其中"../"指的是当前文件所在的上一级目录,即 index 文件夹所在的目录,"../test/test"指的是 index 所在的同级目录下 test 文件夹中的 test 文件。另外"./"指的是当前目录,"../../"指的是当前文件所在的上级目录的再上一级目录,以此类推。

2) 绝对路径

"/pages/test/test"即为 test 文件所在的绝对路径,若将 url 改为绝对路径"/pages/

test/test"也能实现页面的跳转。

**5. 带参跳转**

在 test.js 文件中，answerClickA 的一段代码实现了当 index＝20 时，从 test 页面跳转至 result 页面，跳转时携带参数 A、B 和 C 的值，代码如下：

```
if (this.data.index == 20) {
  wx.redirectTo({
url: '/pages/result/result?A = ' + this.data.A + '&B = ' + this.data.B + '&C = ' + this.data.C,
  })
}
```

在 result 页面的页面参数中可以看到带参跳转时的参数，如图 2-13 所示，单击左下角选择页面参数即可看到。

如果想使用页面参数，可以在 result 页面的 js 文件中使用生命周期函数来获取页面参数，给生命周期函数 function()中定义一个值，这里定义为 options，即可使用 options.A 获取 A 的值，并赋值给 result 页面的变量 A，B，C 也一样。开发者可以尝试用 console.log(options)打印，看一下 options 中的值，如图 2-14 所示。

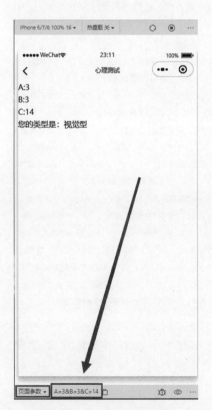

图 2-13　result 页面参数

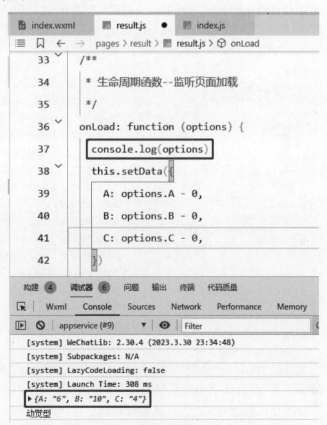

图 2-14　使用页面参数

**6. 其他知识点**

1) Math.random()

Math.random()：产生一个[0,1)的随机数。

2) 三目运算符

return Math.random()>0.5? 1：-1：随机产生一个[0,1)的数，若这个数大于0.5，则返回1,反之返回-1。

3) sort()

sort()方法用于对数组元素进行排序。

### 2.1.3 心理测试小程序代码讲解

心理测试小程序呈现给用户的首页是 index 页面，index 页面主要元素是一个按钮，单击"开始测试"按钮，即触发事件处理函数 beginAnswer()，实现页面跳转，跳转至 test 页面。

进入 test 页面后，即可开始心理测试。其中，心理测试的题目信息存放在 app.js 文件中 globalData 的 question 数组中，如图 2-15 所示。在 test.js 文件中通过 getApp 获取全局对象，然后进行全局变量和全局方法的使用，要使用 globalData 这个全局变量，需要在 test.js 中加一句"const app = getApp()"。

图 2-15 question 数组

另外 test.js 中还使用了 Math.random()和 sort()方法，使显示在 test 页面的 20 道题随机显示，并且选项也随机显示，当选择 A 选项时，判断对应的是题目信息中的哪个选项，然后给相应的值加 1。选择其他选项同上，当 index=20 时，跳转至 result 页面，并显示各选项被选择的次数以及测试者属于什么类型。

## 2.2 C语言测试小程序开发

观看视频

本节主要讲解如何将心理测试小程序改成C语言测试小程序，首先是添加一个D选项，然后再对题库进行修改，将其改为C语言题目。

### 2.2.1 增加D选项

由于C语言习题共有4个选项，因此要先给test页面添加一个D选项。test页面中A、B、C的内容都相应地加上一个D选项，可以根据以下步骤进行修改。

在text.wxml中添加D选项的页面结构，如图2-16所示。

```
pages > test > test.wxml > view.page > view.page__bd > view.weui-cells.weui-cells_after-title
<view class="page">
  <view class='page__hd'>
    <view class="page__title" >{{index}}、{{questionDetail}}</view>
  </view>
  <view class="page__bd">
    <view class="weui-cells weui-cells_after-title">
        <view url="" class="weui-cell weui-cell_access" hover-class="weui-cell_active" bindtap='answerClickA'>
          <view class="weui-cell__bd">{{optionA}}、{{answerA}}</view>
          <view class="weui-cell__ft weui-cell__ft_in-access"></view>
        </view>
        <view url="" class="weui-cell weui-cell_access" hover-class="weui-cell_active" bihdtap='answerClickB'>
          <view class="weui-cell__bd">{{optionB}}、{{answerB}}</view>
          <view class="weui-cell__ft weui-cell__ft_in-access"></view>
        </view>
        <view url="" class="weui-cell weui-cell_access" hover-class="weui-cell_active" bindtap='answerClickC'>
          <view class="weui-cell__bd">{{optionC}}、{{answerC}}</view>
          <view class="weui-cell__ft weui-cell__ft_in-access"></view>
        </view>
        <view url="" class="weui-cell weui-cell_access" hover-class="weui-cell_active" bindtap='answerClickD'>
          <view class="weui-cell__bd">{{optionD}}、{{answerD}}</view>
          <view class="weui-cell__ft weui-cell__ft_in-access"></view>
        </view>

      </view>
  </view>
</view>
```

图2-16 在wxml中添加D选项

在test.js中的data数组中添加与D选项有关的变量，如图2-17所示。

给事件处理函数answerClickA()的逻辑代码中添加D选项的逻辑如图2-18所示，添加完后按钮A的代码如下，按钮B和按钮C同理。

```
 8      * 页面的初始数据
 9      */
10     data: {
11       index: 1,
12       realIndex: 0,
13       A: 0,
14       B: 0,
15       C: 0,
16       D: 0,
17       a:0,
18       b:0,
19       c:0,
20       d: 0,
21       optionA: "A",
22       optionB: "B",
23       optionC: "C",
24       optionD: "D",
25       questionDetail: app.globalData.question[0].question,
26       answerA: app.globalData.question[0].option.A,
27       answerB: app.globalData.question[0].option.B,
28       answerC: app.globalData.question[0].option.C,
29       answerD: app.globalData.question[0].option.D,
30       list: [0, 1, 2, 3, 4, 5, 6, 7, 8, 9, 10, 11, 12, 13, 14, 15, 16, 17, 18, 19, 20],
31       listABC: ['A','B','C','D'],
```

图 2-17 在 js 文件中增加变量

```
261   if (this.data.listABC[0] == 'C') {
262     this.setData({
263       C: this.data.C + 1
264     })
265   }
266   if (this.data.listABC[0] == 'D') {
267     this.setData({
268       D: this.data.D + 1
269     })
270   }
271   this.setData({
272     index: this.data.index + 1,
273     realIndex: this.data.list[this.data.index],
274   })
275   this.setData({
276     questionDetail:app.globalData.question[this.data.realIndex].question,
277
278     answerA:app.globalData.question[this.data.realIndex].option[this.data.listABC[0]],
279     answerB:app.globalData.question[this.data.realIndex].option[this.data.listABC[1]],
280     answerC:app.globalData.question[this.data.realIndex].option[this.data.listABC[2]],
281     answerD:app.globalData.question[this.data.realIndex].option[this.data.listABC[3]],
282   })
283   if (this.data.index == 20) {
284     wx.redirectTo({
285       url: '/pages/result/result?A=' + this.data.A + '&B=' + this.data.B + '&C=' + this.data.C + '&D=' + this.data.D,
286     })
287   }
288   },
289   /**
```

图 2-18 事件处理函数 answerClickA() 中 D 选项逻辑

```
answerClickA: function () {
    if (this.data.listABC[0] == 'A') {
      this.setData({
        A: this.data.A + 1
      })
    }
    else if (this.data.listABC[0] == 'B') {
      this.setData({
        B: this.data.B + 1
      })
    }
    if (this.data.listABC[0] == 'C') {
      this.setData({
        C: this.data.C + 1
      })
    }
    if (this.data.listABC[0] == 'D') {
      this.setData({
        D: this.data.D + 1
      })
    }
    this.setData({
      index: this.data.index + 1,
      realIndex: this.data.list[this.data.index],


    })

    this.setData({
      questionDetail:
app.globalData.question[this.data.realIndex].question,

      answerA:
app.globalData.question[this.data.realIndex].option[this.data.listABC[0]],
      answerB:
app.globalData.question[this.data.realIndex].option[this.data.listABC[1]],
      answerC:
app.globalData.question[this.data.realIndex].option[this.data.listABC[2]],
      answerD:
app.globalData.question[this.data.realIndex].option[this.data.listABC[3]],
    })
    if (this.data.index == 20) {
      wx.redirectTo({
        url: '/pages/result/result?A=' + this.data.A + '&B=' + this.data.B + '&C=' + this.data.C + '&D=' + this.data.D,
      })
    }
  },
```

增加一个事件处理函数 answerClickD()，仿照其他按钮添加按钮 D 的功能，即在按钮 A、B、C 的代码后面增加按钮 D 的一段代码，如图 2-19 所示。

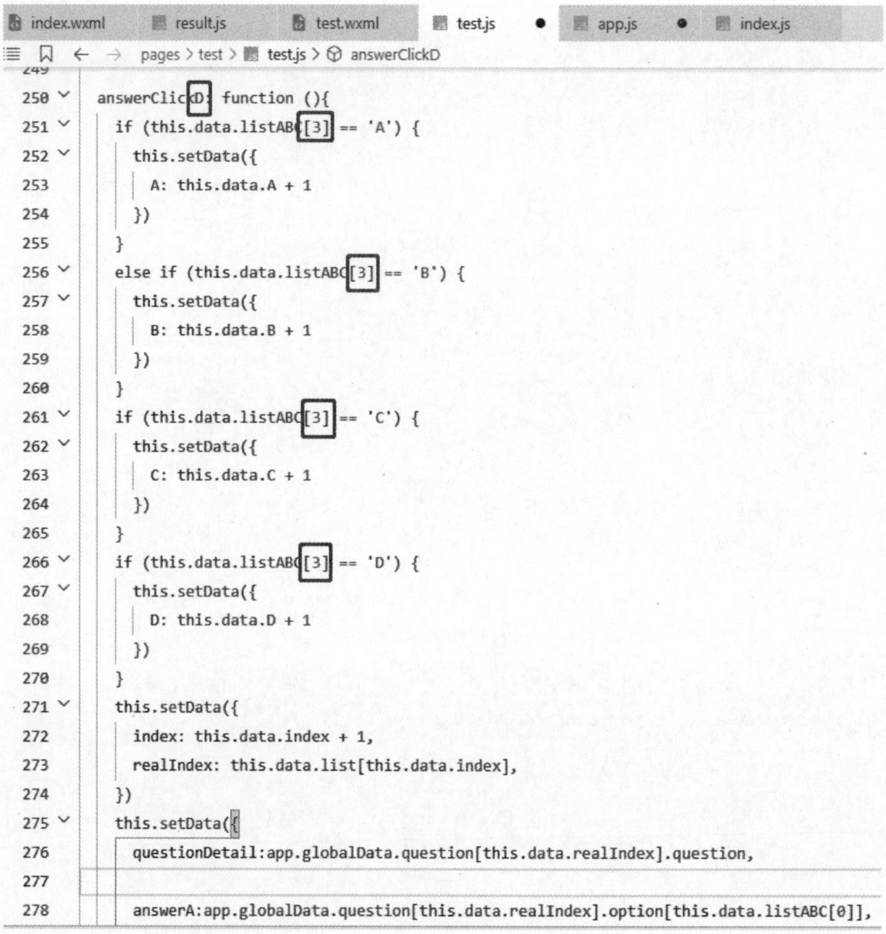

```
249
250   answerClickD: function (){
251     if (this.data.listABC[3] == 'A') {
252       this.setData({
253         A: this.data.A + 1
254       })
255     }
256     else if (this.data.listABC[3] == 'B') {
257       this.setData({
258         B: this.data.B + 1
259       })
260     }
261     if (this.data.listABC[3] == 'C') {
262       this.setData({
263         C: this.data.C + 1
264       })
265     }
266     if (this.data.listABC[3] == 'D') {
267       this.setData({
268         D: this.data.D + 1
269       })
270     }
271     this.setData({
272       index: this.data.index + 1,
273       realIndex: this.data.list[this.data.index],
274     })
275     this.setData({
276       questionDetail:app.globalData.question[this.data.realIndex].question,
277
278       answerA:app.globalData.question[this.data.realIndex].option[this.data.listABC[0]],
```

图 2-19 添加事件处理函数 answerClickD( )

除了 test 页面，result 页面也需要添加一个 D 选项被选择的次数，所以需要对 result.wxml 与 result.js 文件进行简单修改，具体代码如下（这里只给出需要修改部分的代码）：

```
<!-- pages/result/result.wxml -->
<view>
<view><text>A:{{A}}</text></view>
<view><text>B:{{B}}</text></view>
<view><text>C:{{C}}</text></view>
<view><text>D:{{D}}</text></view>
<view><text>您的类型是：{{Kind}}</text></view>
</view>

// pages/result/result.js
Page({

  /**
   * 页面的初始数据
   */
```

```
    data: {
        A: 2,
        B: 3,
        C: 5,
        D: 5,
        Kind:'unknow'
    },

/**
 * 生命周期函数--监听页面加载
 */
onLoad: function (options) {
console.log(options)
this.setData({
A: options.A - 0,
B: options.B - 0,
C: options.C - 0,
D: options.D - 0,
})
```

修改后的 result 页面如图 2-20 所示。

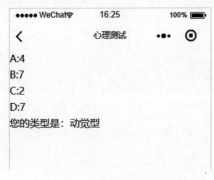

图 2-20　修改后的 result 页面

### 2.2.2　修改题库

由于运行小程序后出现的还是心理测试的题目,因此需要将其改成 C 语言的题目。其中,C 语言题库可以在提供的代码包"C 语言测试最终代码"中寻找,首先开发者可以导入 C 语言小程序代码包,找到 app.js 文件,将该项目中的 question 数组直接复制到自己的项目中,如图 2-21 所示。除此之外,开发者也可以尝试自己对题库进行修改,手动添加题目的题干信息与选项信息。

这里题库的 question 数组看着有点乱,不符合代码规范,开发者使用格式化代码的默认快捷键 Shift+Alt+F 将代码格式化。当然,开发者也可以通过"设置"→"快捷键设置"→"编辑",自定义格式化代码的快捷键。格式化后的代码如图 2-22 所示,格式化后的 question 数组显得更加规范,开发者读代码时也更轻松。

题库修改后,单击"开始测试"按钮,进入 test 页面后看到的就是 C 语言测试题了,如图 2-23 所示。

```
globalData: {
  userInfo: "hello",
  question: [
    { "question": "在下列选项中,不正确的赋值语句是 ( ) ", "option": { "A": " ++t;", "B": "n1=(n2=(n3=0));", "C": "k=i=j; ", "D": " a=b+c=1;" } },
    { "question": "表达式: 10!=9的值是 ( ) ", "option": { "A": "true", "B": "非零值", "C": "0", "D": "1" } },
    { "question": "C语言提供的合法的数据类型关键字是 ( ) ", "option": { "A": "Double", "B": "short", "C": " integer", "D": "Char" } },
    { "question": "字符(char)型数据在微机内存中的存储形式是 ( ) ", "option": { "A": "反码", "B": "补码", "C": "EBCDIC码", "D": "ASCII码" } },
    { "question": "C语言程序的基本单位是 ( ) ", "option": { "A": "程序行", "B": "语句", "C": "函数", "D": "字符" } },
    { "question": "设 int a=12,则执行完语句a+=a-=a*a后,a的值是 ( ) ", "option": { "A": "552", "B": "264", "C": "144", "D": "-264" } },
    { "question": "若要求在if后一对圆括号中表示a不等于0的关系,则能正确表示这一关系的表达式为______.", "option": { "A": "a<>0", "B": "!a", "C": "a=0", "D": "a" } },
    { "question": "为表示关系x≥y≥z,应使用C语言表达式______.", "option": { "A": "(x>=y)&&(y>=z)", "B": "(x>=y)AND(y>=z)", "C": "(x>=y>=z)", "D": "(x>=y) & (y>=z)" } },
    { "question": "在C语言源程序中, 以下叙述正确的是 ( ) ", "option": { "A": "main函数必须位于文件的开头", "B": "每行只能写一条语句", "C": "程序中的一个语句可以写成多行", "D": "每个语句的最后必须有点号" } },
    { "question": "C语言中非空的基本数据类型包括________.", "option": { "A": "整型,实型,逻辑型", "B": "整型,实型,字符型", "C": "整型,字符型,逻辑型", "D": "整型,实型,逻辑型,字符型" } },
    { "question": "已知a=12,则表达式a+=a-=a*=a的结果是______.", "option": { "A": "0", "B": "144", "C": "12", "D": "-264" } },
    { "question": "若已定义int a,则表达式a=10,a+10,a++的值是__.", "option": { "A": "20", "B": "10", "C": "21", "D": "11" } },
    { "question": "若已定义x和y是整型变量,x=2;,则表达式y=2.75+x/2的值是________.", "option": { "A": "5.5", "B": "5", "C": "3", "D": "4.0" } },
    { "question": "设有以下语句: int x=10; x+=3+x% (3) , 则x的值是 ( ) ", "option": { "A": "14", "B": "15", "C": "11", "D": "12" } },
    { "question": "在C语言中, 以下叙述不正确的是 ( ) ", "option": { "A": "在C程序中, 无论是整数还是实数, 都能被准确无误地表达", "B": "在C程序中, 变量名代表存储器中的一个位置", "C": "静态变量的生存期与整个程序的生存期相同", "D": "C语言中变量必须先定义后引用" } },
```

图 2-21　在 app.js 中修改题库信息

```
globalData: {
  userInfo: "hello",
  question: [{
      "question": "在下列选项中,不正确的赋值语句是 ( ) ",
      "option": {
        "A": " ++t;",
        "B": "n1=(n2=(n3=0));",
        "C": "k=i=j; ",
        "D": " a=b+c=1;"
      }
    },
    {
      "question": "表达式: 10!=9的值是 ( ) ",
      "option": {
        "A": "true",
        "B": "非零值",
        "C": "0",
        "D": "1"
      }
    },
    {
      "question": "C语言提供的合法的数据类型关键字是 ( ) ",
      "option": {
        "A": "Double",
        "B": "short",
        "C": " integer",
        "D": "Char"
      }
    },
```

图 2-22　格式化后的代码

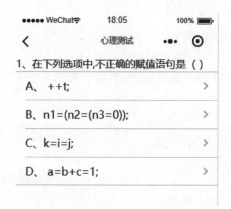

图 2-23 修改后的测试页面

在 C 语言测试小程序中,如果想要题目不再随机出现,题目按 question 数组中的顺序显示给测试者,那么就需要将 test 页面中的 randSort() 函数注释掉。另外,若没有 randSort() 函数,则 setList() 函数和 setABC() 函数也没有存在的必要了,因此也将其注释,如图 2-24 所示。注释的快捷键为 Ctrl+/,另外 onLoad 中的两句也要注释掉。

```
// randSort: function () {
//     return Math.random() > 0.5 ? 1 : -1;
// },

// setList: function () {
//     var newList = this.data.list.sort(this.randSort);
//     this.setData({
//         list: newList,
//     });
// },

// setABC : function(){
//     var abc = this.data.listABC.sort(this.randSort);
//     this.setData({
//         listABC: abc,
//     });
// },
```

图 2-24 注释 randSort()、setList() 和 setABC() 函数

## 2.3 C 语言测试逻辑修改

观看视频

在 2.2 节中基本完成了添加 D 选项以及将心理学题库更换成 C 语言题库的任务。但经过调试运行发现还存在一些小问题,这些小错误的出现正是因为代码中存在一些细小的逻辑问题。通过修改代码能够很好地拉近初学者与小程序开发的距离,并且进一步熟悉小程序的代码构成。本节主要针对 test 页面存在的几个问题提出了解决方案。

### 2.3.1 显示相同的题目内容

单击"开始测试"按钮,进行 C 语言习题测试,会发现第 1 题与第 2 题相同,如图 2-25 和图 2-26 所示。

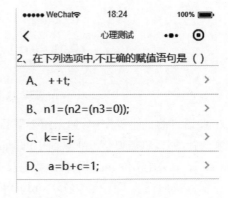

图 2-25  第 1 题题目信息　　　　　　　　图 2-26  第 2 题题目信息

在 test.js 文件中,data 数组中的变量 index 初始值为 0,在 test.wxml 文件中使用变量 {{index+1}} 来表示题目序号,题目序号即从 1 开始显示;另外 data 数组中的变量 questionDetail 与 answerA、answerB、answerC、answerD 的初始值均为 app.js 文件的 question 数组的第 1 个元素,即 question[0],因此第 1 题显示的是题库中的第 1 道题。

当单击其中一个选项时,如单击 A 选项时,触发事件处理函数 answerClickA(),先看一下该函数中的部分逻辑,代码如下:

```
this.setData({
  index: this.data.index + 1,
  realIndex: this.data.list[this.data.index],
})
this.setData({
  questionDetail: app.globalData.question[this.data.realIndex].question,
  answerA: app.globalData.question[this.data.realIndex].option[this.data.listABC[0]],
  answerB: app.globalData.question[this.data.realIndex].option[this.data.listABC[1]],
  answerC: app.globalData.question[this.data.realIndex].option[this.data.listABC[2]],
  answerD: app.globalData.question[this.data.realIndex].option[this.data.listABC[3]],
})
```

上述代码中,使用 this.setData 将 index 的值+1,并给 realIndex 赋值,这里要注意的是,在 this.setData{{}} 语句中,index 的值认为 0,执行完该语句后,index 的值才变为 1,因此 realIndex = list[0] = 0,即单击 A 选项后,变量 questionDetail 与 answerA、answerB、answerC、answerD 的值仍然为 question 数组的第 1 个元素,而此时 index+1 的值为 2,第 2 题仍为题库中的第 1 题。

修改方法如下:

(1) 如图 2-27 所示,将 index 的初始值改为 1;

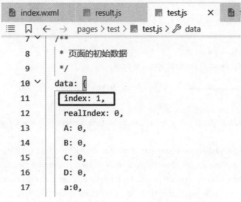

图 2-27　修改 index 的初始值为 1

(2) 如图 2-28 所示,选择 test.wxml 文件,将第 3 行代码中的 index+1 改为 index,即把+1 去掉。

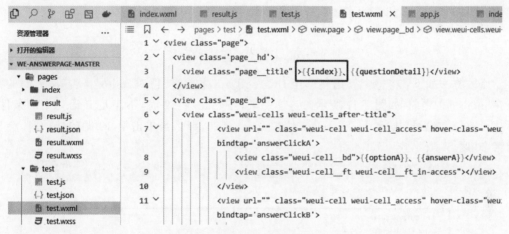

图 2-28　修改 wxml 文件题目序号

## 2.3.2　缺失第 20 题的页面显示

测试过程中,会发现会显示第 19 题,而完成第 19 题后,第 20 题一闪而过,就直接跳转至 result 页面。最后测试结果页面累计只选择了 19 次,如图 2-29 所示。

在单击完第 19 题的选项后,this.data.index 变为 20,来到了 if 判断语句,由于满足判断条件 this.data.index = 20,执行 if 语句内容,即执行 wx.redirectTo 路由带参跳转至 result 页面,显示最终结果,因此没有选择第 20 题的余地,如图 2-30 所示。

图 2-29　测试结果页面

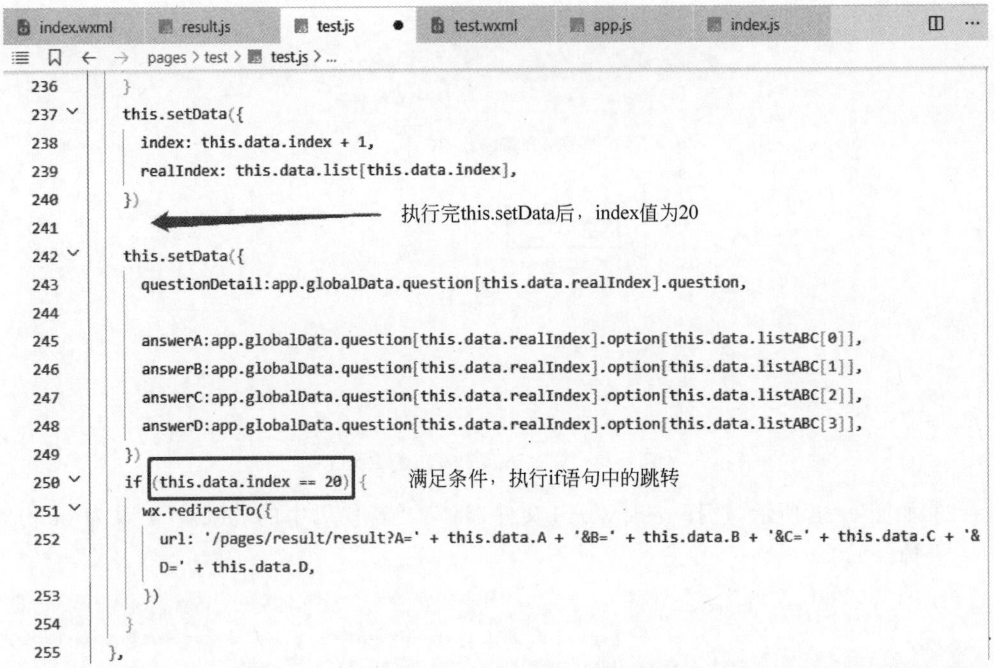

```
236     }
237     this.setData({
238         index: this.data.index + 1,
239         realIndex: this.data.list[this.data.index],
240     })
241                      ← 执行完this.setData后，index值为20
242     this.setData({
243         questionDetail:app.globalData.question[this.data.realIndex].question,
244
245         answerA:app.globalData.question[this.data.realIndex].option[this.data.listABC[0]],
246         answerB:app.globalData.question[this.data.realIndex].option[this.data.listABC[1]],
247         answerC:app.globalData.question[this.data.realIndex].option[this.data.listABC[2]],
248         answerD:app.globalData.question[this.data.realIndex].option[this.data.listABC[3]],
249     })
250     if (this.data.index == 20){     满足条件，执行if语句中的跳转
251         wx.redirectTo({
252             url: '/pages/result/result?A=' + this.data.A + '&B=' + this.data.B + '&C=' + this.data.C + '&D=' + this.data.D,
253         })
254     },
255 },
```

图 2-30　test.js 中的 if 语句

修改方法如下：将整个 if 语句移至 this.setData 之前，使得对 index 是否等于 20 的判断在 index+1 之前，如图 2-31 所示。这样一来，当 index=19 时，不满足 if 语句中的条件，不执行跳转，然后再执行 this.setData 使得 index=20，那么当单击第 19 题的选项时，会显示第 20 题。

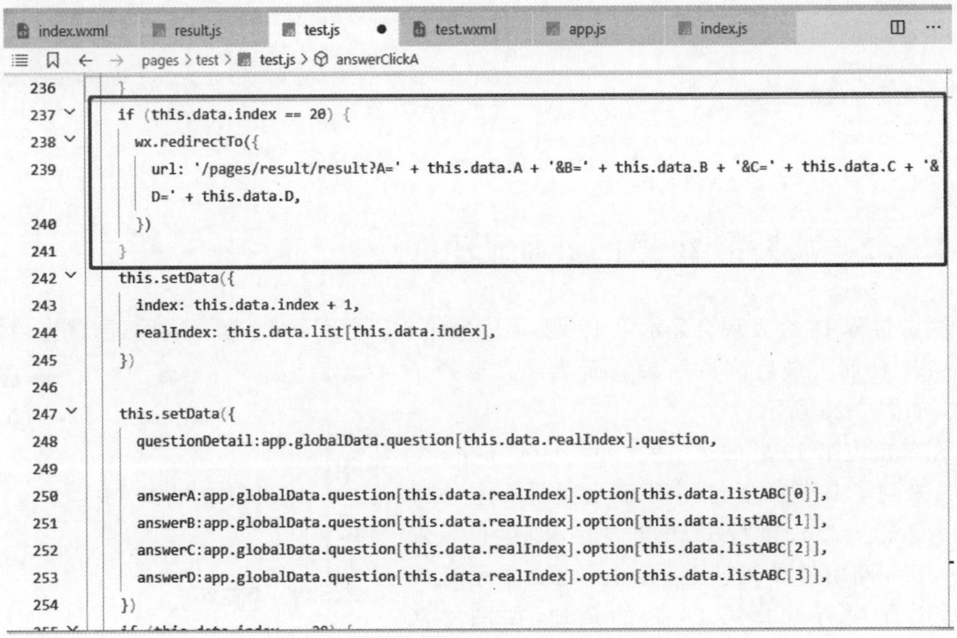

```
236     }
237     if (this.data.index == 20) {
238         wx.redirectTo({
239             url: '/pages/result/result?A=' + this.data.A + '&B=' + this.data.B + '&C=' + this.data.C + '&D=' + this.data.D,
240         })
241     }
242     this.setData({
243         index: this.data.index + 1,
244         realIndex: this.data.list[this.data.index],
245     })
246
247     this.setData({
248         questionDetail:app.globalData.question[this.data.realIndex].question,
249
250         answerA:app.globalData.question[this.data.realIndex].option[this.data.listABC[0]],
251         answerB:app.globalData.question[this.data.realIndex].option[this.data.listABC[1]],
252         answerC:app.globalData.question[this.data.realIndex].option[this.data.listABC[2]],
253         answerD:app.globalData.question[this.data.realIndex].option[this.data.listABC[3]],
254     })
```

图 2-31　改变 if 语句的位置

修改完后单击"编译"按钮,重新测试代码,发现在 20 道题做完后产生报错信息,原因是当选择第 20 题时,realIndex 的值变为 20,而 question[20]不存在,即题库中没有第 21 题的题目信息。修改方法如图 2-32 所示,即添加一个 if 判断语句,判断只有当 index < 20 时才更新 test 中题目信息的视图,当 index = 20 时,不满足条件,则不更新题目信息,跳转至 result 页面。

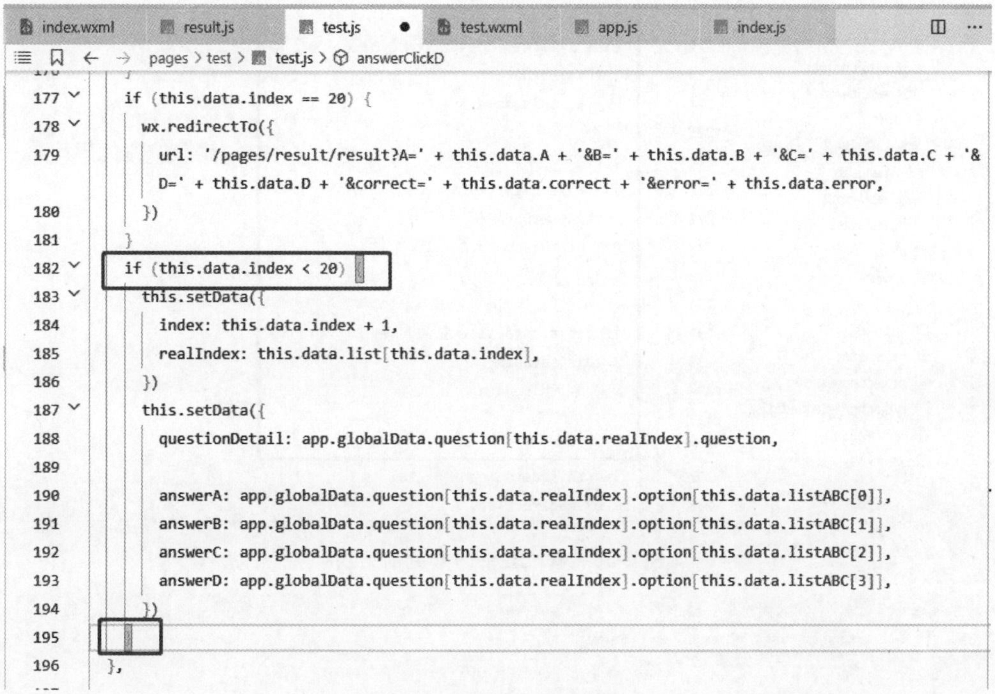

图 2-32　添加 if 判断语句

需要注意的是,对于以上两个逻辑问题均只修改了 answerClickA 部分的代码,需要对 answerClickB、answerClickC、answerClickD 部分相应的代码进行同样的修改。

**思考题**:现在做完全部题后的页面显示的结果仍是心理学测试的结论,我们如何才能将其修改成 C 语言题目做对或做错的题数统计结果? 答案将在 2.4 节中揭晓。

## 2.4　添加做题结果

观看视频

2.3 节主要修改了 C 语言测试存在的一些逻辑错误,同时留下了一个思考题,本节将对该思考题做一个解答,同时对 C 语言测试功能做进一步的完善。

### 2.4.1　test 页面修改

首先 test.js 文件中部分代码过于复杂,这里对它进行简单修改,如图 2-33 所示,框中的代码过于繁杂,这里只需要一个简单的赋值就行。当单击 A 选项时,给 A 的值+1 即可,如图 2-34 所示。

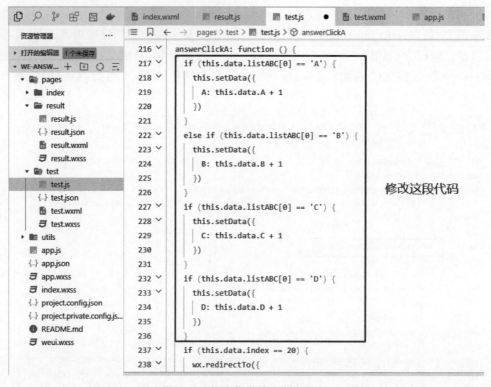

图 2-33 修改复杂的 if 判断语句

图 2-34 修改后的简单逻辑

对于本节要增加的做题结果,先在 data 数组中增加两个变量 correct 和 error,分别用于记录正确题数与错误题数,初始值均为 0,另外将增加一个 answer 数组,数组中为 20 道题的正确答案,如图 2-35 所示。

其中,注意到 answer[0]为一个空字符串,这是根据后面 answerClickA 中新增的代码决定的,先看一下代码,如图 2-36 所示。由于 index 初始值为 1,当选择 A 选项时,判断 this.data.answer[this.data.index]即 answer[1]是否等于 A,若等于,则 correct 的值+1,否则 error 的值+1。因此,第 1 题的答案对应的是 answer[1],answer[0]为任何值都不影响,正确答案从 answer[1]开始存储于 answer 数组中即可。

```
 9       */
10  ∨    data: {
11         index: 1,
12         realIndex: 0,
13         A: 0,
14         B: 0,
15         C: 0,
16         D: 0,
17         a:0,
18         b:0,
19         c:0,
20         d: 0,
21         optionA: "A",
22         optionB: "B",
23         optionC: "C",
24         optionD: "D",
25         questionDetail: app.globalData.question[0].question,
26         answerA: app.globalData.question[0].option.A,
27         answerB: app.globalData.question[0].option.B,
28         answerC: app.globalData.question[0].option.C,
29         answerD: app.globalData.question[0].option.D,
30         list: [0, 1, 2, 3, 4, 5, 6, 7, 8, 9, 10, 11, 12, 13, 14, 15, 16, 17, 18, 19, 20],
31         listABC : ['A','B','C','D'],
32         answer:['','D','D','B','D','C','D','D','A','C','B','A','B','C','A','A','C','D','A','D','D'],
33         correct: 0,
34         error: 0
35       },
```

图 2-35　添加变量 answer、correct 和 error

```
59
60
61  ∨    answerClickA: function () {
62  ∨      this.setData({
63           A: this.data.A + 1
64         })
65         if(this.data.answer[this.data.index] == 'A'){
66  ∨        this.setData({
67             correct: this.data.correct + 1
68           })
69  ∨      }else{
70           this.setData({
71             error: this.data.error + 1
72           })
73         }
74  ∨      if (this.data.index == 20) {
75  ∨        wx.redirectTo({
76             url: '/pages/result/result?A=' + this.data.A + '&B=' + this.data.B + '&C=' + this.data.C + '&D=' + this.data.D + '&correct=' + this.data.correct + '&error=' + this.data.error,
77           })
78         }
```

图 2-36　给 correct、error 变量赋值

另外带参跳转至 result 页面时,加上 correct 与 error 的值,用于在 result 页面显示正确率,如图 2-37 所示。

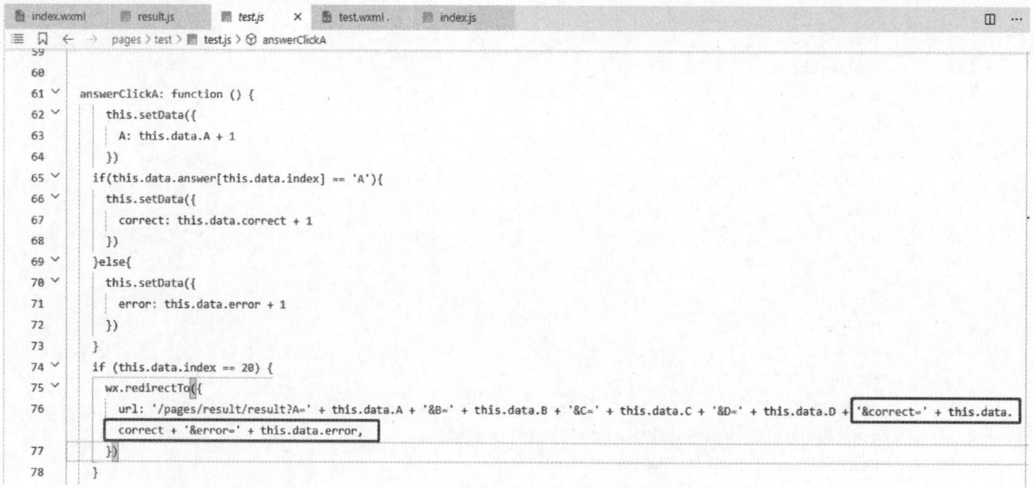

```
answerClickA: function () {
    this.setData({
        A: this.data.A + 1
    })
    if(this.data.answer[this.data.index] == 'A'){
        this.setData({
            correct: this.data.correct + 1
        })
    }else{
        this.setData({
            error: this.data.error + 1
        })
    }
    if (this.data.index == 20) {
        wx.redirectTo({
            url: '/pages/result/result?A=' + this.data.A + '&B=' + this.data.B + '&C=' + this.data.C + '&D=' + this.data.D + '&correct=' + this.data.correct + '&error=' + this.data.error,
        })
    }
}
```

图 2-37　带参跳转中添加 correct 与 error 变量

以上修改只针对 answerClickA,因此需要对 answerClickB、answerClickC、answerClickD 部分相应的代码进行同样的修改。

### 2.4.2　result 页面修改

如图 2-38 所示,在 result.wxml 下添加正确与错误显示结果,另外显示测试者属于什么类型不需要了,把这段代码删了即可。

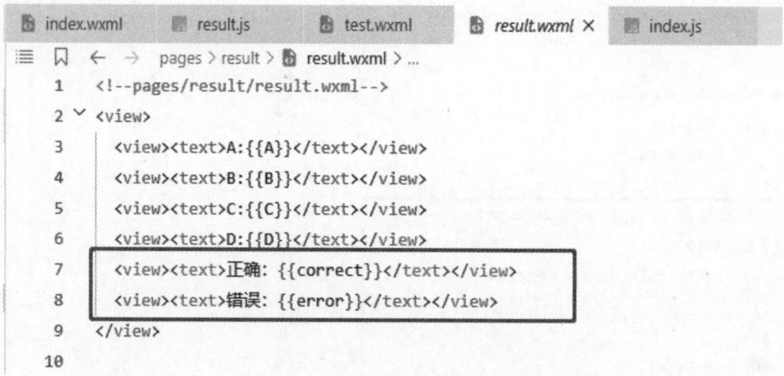

```
<!--pages/result/result.wxml-->
<view>
    <view><text>A:{{A}}</text></view>
    <view><text>B:{{B}}</text></view>
    <view><text>C:{{C}}</text></view>
    <view><text>D:{{D}}</text></view>
    <view><text>正确: {{correct}}</text></view>
    <view><text>错误: {{error}}</text></view>
</view>
```

图 2-38　添加正确与错误显示

当然 result.js 中 whichKind()函数也不需要了,将其注释即可。另外在 data 数组中增加 correct 和 error 变量,初始值为 0,并在生命周期函数 onLoad()中给 correct 和 error 赋值,具体代码如下:

```
/**
 * 页面的初始数据
```

```
*/
data: {
    A: 2,
    B: 3,
    C: 5,
    D: 0,
    correct: 0,
    error: 0
},

/**
 * 生命周期函数--监听页面加载
 */
onLoad: function (options) {
    console.log(options)
    this.setData({
        A: options.A - 0,
        B: options.B - 0,
        C: options.C - 0,
        D: options.D - 0,
        correct: options.correct - 0,
        error: options.error - 0
    })
}
```

最终结果如图 2-39 所示。

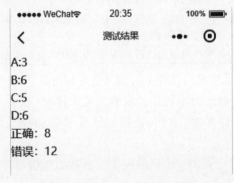

图 2-39 添加做题结果后的 result 页面

## 2.5 小程序发布流程

### 2.5.1 发布前准备

小程序发布之前,开发者首先需要在自己的移动终端上预览,确保没有任何的问题。当确认无误后,上传代码到小程序的管理后台,并设置版本,具体如下。

**1. 预览**

单击开发者工具顶部操作栏的"预览"按钮,开发者工具会自动打包当前项目,并上传小程序代码至微信的服务器,成功之后会在页面上出现一个二维码。使用当前小程序开发者的微信扫码,即可看到小程序在手机客户端上的真实表现。

**2. 上传代码**

单击开发者工具顶部操作栏的"上传"按钮,填写版本号以及项目备注。需要注意的是,这里版本号以及项目备注是为了方便管理员检查版本,开发者可以根据自己的实际要求来填写这两个字段。

上传代码成功之后,通过登录小程序管理后台→开发管理→开发版本,就可以找到刚提交上传的版本。

**3. 设置"体验版"或者"提交审核"**

表 2-3 所示为微信小程序的不同版本的说明。

表 2-3 微信小程序的不同版本的说明

| 版 本 | 说 明 |
| --- | --- |
| 开发版本 | 使用开发者工具,可将代码上传到开发版本中。开发版本只保留每人最新的一份上传的代码。单击"提交审核"按钮,可将代码提交审核。开发版本可删除,不影响线上版本和审核中版本的代码 |
| 审核中版本 | 只能有一份代码处于审核中。有审核结果后可以发布到线上,也可直接重新提交审核,覆盖原审核版本 |
| 线上版本 | 线上所有用户使用的代码版本,该版本代码在新版本代码发布后被覆盖更新 |

开发版本在还没审核通过成为线上版本之前,可以先将开发版本设为"体验版",然后使用"小程序教学助手",将自己的小程序授权给其他人体验。

另外也可以使用"小程序助手"方便、快捷地预览和体验线上版本,体验版本以及开发版本,如图 2-40 所示。

下面介绍如何发布一个小程序,让你的成果被所有的微信用户使用到。

## 2.5.2 小程序上线

当小程序开发完成时提交审核,等待微信管理员审核通过后,发布成为线上版本,即完成小程序的发布,开发者可以随时查看运营数据的情况。步骤如下。

**1. 提交审核**

为了保证小程序的质量,以及符合相关的规范,小程序的发布是需要经过审核的。在开发者工具中上传了小程序代码之后,通过登录小程序管理后台→开发管理→开发版本,找到提交上传的版本。

图 2-40 "小程序助手"小程序以及使用效果

在开发版本的列表中,单击"提交审核"按钮,按照页面提示,填写相关的信息,即可以将小程序提交审核。

需要注意的是,开发者需要严格测试版本之后,再提交审核,过多的审核不通过可能会影响后续的时间。

## 2. 发布

审核通过之后,管理员的微信中会收到小程序通过审核的通知,此时登录小程序管理后台→开发管理→审核版本中可以看到通过审核的版本。

单击"发布"按钮,即可发布小程序。

## 3. 运营数据

有两种方式可以方便地看到小程序的运营数据。

方法一:登录小程序管理后台→统计,单击相应的 tab 可以看到相关的数据,如图 2-41 所示。

方法二:使用小程序数据助手,我们可以在微信中方便地查看运营数据,如图 2-42 所示。

可以将 C 语言测试小程序发布上线,让别人体验一下自己开发的小程序,然后看看访问数据,也可以将 C 语言测试进一步改成自己感兴趣的内容,如问卷调查之类的。

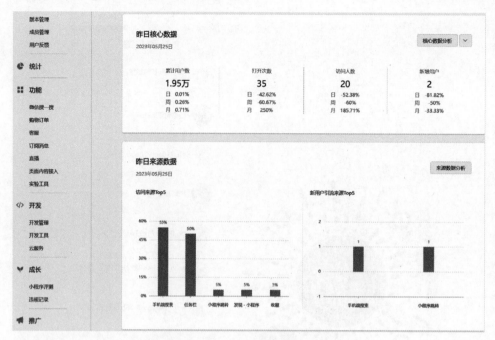

图 2-41 使用网页查看运营数据的效果

图 2-42 使用小程序开发者助手查看运营数据的效果

## 2.6 作业思考

**一、讨论题**

1. sort()函数是如何实现随机出题的?
2. question 数组中的题库代码不规范,如何使它快速规范?
3. 使用 this.data. 变量赋值和 this.setData 变量赋值有什么区别?
4. 在 onReady:function()中添加形参和 onLoad 有什么区别?
5. 如今,微信生态圈已逐渐形成,你对于微信生态圈的作用有什么看法呢?微信小程序涉及微信生态圈的哪些内容?

**二、单选题**

1. 已知 wxml 页面代码如下:

```
<view>{{x − y}} + {{z}} + x</view>
```

js 页面代码如下:

```
page{
data: {
x : 5, y : 4, z : 3
}
}
```

最后显示结果是(　　)。
  A. 9      B. 1+3+5      C. 13x      D. 1+3+x

2. 以下(　　)文件是小程序的全局样式文件。
  A. project.config.json      B. app.js
  C. app.json      D. app.wxss

3. 小程序使用以下(　　)方法将文件保存在本地。
  A. wx.saveDocument()      B. wx.downloadDocument()
  C. wx.saveFile()      D. wx.downloadFile()

4. 小程序页面的所有路径地址保存在以下(　　)文件中。
  A. app.json      B. app.js
  C. app.wxss      D. project.config.json

5. 在 app.json 的 window 属性中还可以配置页面顶端导航栏的样式,以下(　　)属性用于定义导航栏背景颜色。
  A. backgroundTextStyle      B. navigationBarTextStyle
  C. navigationBarTitleText      D. navigationBarBackgroundColor

6. 关于 app.json 中的 tabBar 功能,以下说法正确的是(　　)。
  A. tabBar 上必须同时有图标和文字
  B. tabBar 中的指定的路径地址无须在 pages 属性中声明

C. tabBar 默认显示最左边的页面

D. tabBar 上可以只有图标，也可以只有文字

7. 小程序使用以下（　　）函数可以跳转至指定的 tabBar 页面，并关闭其他页面。

A. wx.navigateTo(OBJECT)　　　　B. wx.reLaunch(OBJECT)

C. wx.switchTab(OBJECT)　　　　D. wx.navigateBack(OBJECT)

8. this.data 赋值语句和 this.setData({}) 赋值方式的区别是（　　）。

A. this.data 赋值语句只改变变量的值，this.setData({}) 既改变变量的值又更新视图

B. this.data 赋值语句不改变变量的值，this.setData({}) 只改变变量的值不会更新视图

C. this.data 赋值语句只改变变量的值，this.setData({}) 只改变变量的值不更新视图

D. this.data 赋值语句只改变变量的值，this.setData({}) 既不改变变量的值又不会更新视图

9. 在微信小程序中，每个页面由 wxml、wxss、js 和 json 文件组成，其中可以省略的文件是（　　）。

A. wxss 和 json　　　　B. wxml 和 json

C. wxss 和 js　　　　D. wxml 和 js

10. 已知 wxml 页面有：

```
<view id='test'>测试</view>
```

在 wxss 文件中使用以下（　　）选择器可以将其中的文字更新为红色。

A. test{color: red;}　　　　B. .test{color: red;}

C. #test{color: red;}　　　　D. id{color: red;}

# 第3章

# 豆豆云助教"我的"页面模块开发

## 网络安全(个人信息保护)

随着互联网的不断发展,数据传播得更快、更广,但同时也让数据沉淀,而被沉淀的个人信息的安全也成了一大问题。当今的时代,大数据与云计算相结合,可以通过用户的基本信息和操作行为,分析用户的行为、信用和偏好等。但是在商业利益的不断驱动下,这种被分析的信息数据很有可能被滥用而侵犯个人权利甚至危害国家安全。

2018年3月,Facebook被曝出超过5000万用户的个人信息资料泄露给英国"剑桥分析"公司,而这些被泄露的信息当中包括了用户的姓名、性别、年龄、爱好、种族、家庭住址、工作经历、教育背景、人际关系等各方面。在此次事件中,Facebook之所以受到谴责,一个重要原因就是未能保护好用户的信息数据,被怀疑有向第三方主动开放之嫌,使得个人数据被利益方所滥用,不仅侵害了个人合法权利,而且对国家民主产生了消极影响。Facebook数据泄露事件发生后,各方相关机构随即介入调查,但是涉事双方当事人各执一词,关于信息数据泄露也陷入罗生门怪圈。

随着互联网应用的普及和人们对互联网的依赖,互联网的安全问题也日益凸显。恶意程序、各类钓鱼和欺诈软件继续保持高速增长,同时黑客攻击和大规模的个人信息泄露事件频发,与各种网络攻击大幅增长相伴的是大量网民个人信息的泄露与财产损失的不断增加。

面对不断增长的网络风险,我们应当更加注重网络安全的守护,特别是对我们个人信息的保护。本章带领读者如何在小程序中实现对个人信息进行注册和登录的功能。首先,我们要完成授权登录页面和注册页面内容的开发,拥有授权信息与注册信息后,在"我的"页面将个人信息显示出来,"我的"页面模块开发是开发每一个小程序的基础模块,也是豆豆云助教收集用户信息的基础。

## 3.1 授权登录页面

本节主要分为两部分，首先讲解授权登录页面涉及的知识点，然后在理解的情况下完成授权登录页面的开发。

### 3.1.1 授权页面知识点讲解

观看视频

**1. 小程序登录**

小程序可以通过微信官方提供的登录能力方便地获取微信提供的用户身份标识，快速建立小程序内的用户体系。如图 3-1 所示，小程序通过 wx.login() 获取 code，然后通过 wx.request() 发送 code 至开发者服务器，开发者服务器将登录凭证 appid、appsecret 与 code 用于校验微信接口，微信接口服务向开发者服务器返回用户唯一标识 openid 和会话密钥 session_key。开发者服务器实现自定义登录状态与 openid、session_key 关联，并向小程序返回自定义状态。小程序将自定义登录状态存入 storage，并用于后续 wx.request 发起业务请求。

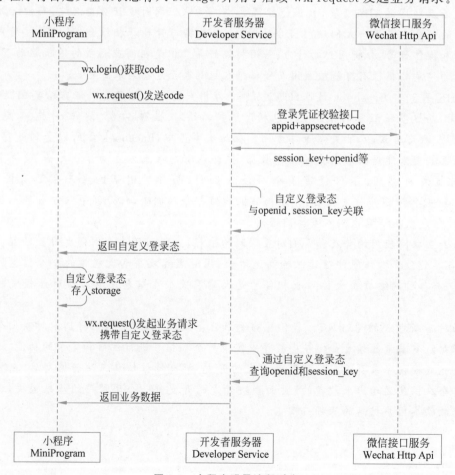

图 3-1 小程序登录流程时序

对于某个微信小程序,每个用户访问该小程序都要产生一个唯一的 openid,这个 openid 为用户访问该小程序的标识符,即每个用户的 openid 都是不一样的。因此,可以把 openid 作为用户唯一标识符(类似身份证号),并存于数据库中用以后续操作。

开发者服务器与微信接口服务之间的交互是由后台实现的,本节主要以小程序前端与开发者服务器之间的交互为主,后台部分会在第 9 章中进行详细介绍。

**2. wx.login()**

调用 wx.login()接口获取登录凭证(code),通过凭证进而换取用户登录态信息,其中 wx.login()接口的属性如表 3-1 所示。

表 3-1　wx.login()接口的属性

| 属　　性 | 类　　型 | 是否必填 | 说　　明 |
| --- | --- | --- | --- |
| timeout | number | 否 | 超时时间,单位为 ms |
| success | function | 否 | 接口调用成功的回调函数 |
| fail | function | 否 | 接口调用失败的回调函数 |
| complete | function | 否 | 接口调用结束的回调函数(无论调用成功或失败都会执行) |

由于 app.js 会先于其他页面执行,因此比较适合处理一些注册函数,因此将 wx.login()方法写在 app.js 文件中。

**3. wx.request()**

wx.request()主要用于发送 https 网络请求,其属性详见表 3-2。

表 3-2　wx.request()的属性

| 属　　性 | 类　　型 | 默认值 | 是否必填 | 说　　明 |
| --- | --- | --- | --- | --- |
| url | string | | 是 | 开发者服务器接口地址 |
| data | string/object/ArrayBuffer | | 否 | 请求参数 |
| header | object | | 否 | 设置请求的 header,header 中不能设置 Referer。content-type 默认为 application/json |
| method | string | GET | 否 | http 请求方法 |
| dataType | string | json | 否 | 返回的数据格式 |
| responseType | string | text | 否 | 响应的数据类型 |
| success | function | | 否 | 接口调用成功的回调函数 |
| fail | function | | 否 | 接口调用失败的回调函数 |
| complete | function | | 否 | 接口调用结束的回调函数(无论调用成功或失败都会执行) |

这里以小程序登录中小程序向开发者服务器发送 wx.request()请求为例,调用微信官方的 wx.login()接口会返回一串 jscode,服务器使用 jscode、appid、appsecret 三个参数向微信请求得到 openid,这一步后台已经封装完成,并提供一个开放接口:https://zjgsujiaoxue.applinzi.com/index.php/Api/Weixin/code_to_openidv2。

具体代码如下:

```
//登录
wx.login({
    success: res => {
        //发送 res.code 到后台换取 openid, sessionkey, unionid
        wx.request({
            url: 'https://zjgsujiaoxue.applinzi.com/index.php/Api/Weixin/code_to_openidv2',
            data: {
                'code': res.code,
                'from': 'wxbf9778a9934310a1'
            },
            success: function (res) {
                console.log(res.data)
                //将 sessionid 保存到本地 storage
                wx.setStorageSync('jiaoxue_OPENID', res.data.openid)
            },
            fail: function (res) {
                console.log('res' + res)
            }
        })
    }
})
```

上述代码中,通过 wx.login()方法,成功返回 res,其中 res.code 为微信官方返回的 code,通过 wx.request()发起请求,请求参数为 code 与 appid,当请求成功时,后台会返回一个数组,数组中包含的值是由后台代码决定的,其中就包含了 openid,这里可以使用 console.log(res.data)来看一下返回的数组中所包含的值,如图 3-2 所示。

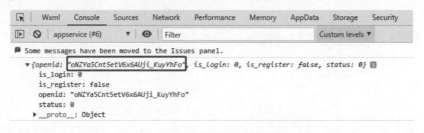

图 3-2　wx.request()请求的返回值

### 4. 数据缓存

每个微信小程序都可以有自己的本地缓存,通过数据缓存 API 可以对本地缓存进行设置、获取和清理。同一个微信用户,同一个小程序 storage 上限为 10MB。localStorage 以用户维度隔离,同一台设备上,A 用户无法读取到 B 用户的数据。

注意,如果用户储存空间不足,微信会清空最近且最久未使用的小程序的本地缓存。因此不建议将关键信息全部存在 localStorage,以防储存空间不足或用户换设备的情况。

数据缓存 API 主要有 5 类,包括数据的存储、获取、移除、清空,以及获取存储信息,每类均包含同步与异步两种,具体详见表 3-3。

表 3-3　数据缓存 API 函数

| 函　　数 | 说　　明 |
| --- | --- |
| wx.setStorage(Object object) | 数据的存储(异步) |
| wx.setStorageSync(string key,any data) | 数据的存储(同步) |
| wx.getStorage(Object object) | 数据的获取(异步) |
| wx.getStorageSync(string key) | 数据的获取(同步) |
| wx.getStorageInfo(Object object) | 存储信息的获取(异步) |
| wx.getStorageInfoSync() | 存储信息的获取(同步) |
| wx.removeStorage(Object object) | 数据的移除(异步) |
| wx.removeStorageSync(string key) | 数据的移除(同步) |
| wx.clearStorage(Object object) | 数据的清空(异步) |
| wx.clearStorageSync() | 数据的清空(同步) |

其中,Sync 为英文单词 synchronization 的前 4 个字母,表示同步,因此 API 函数中带有 Sync 后缀的函数为同步函数。同步函数与异步函数之间的区别是,异步不会阻塞当前任务,同步缓存直到同步方法处理完才能继续往下执行。另外,异步函数中含有成功回调函数,可用于数据处理成功后的操作。

这里以 wx.login() 中使用的 wx.setStorage() 为例,将 wx.request() 返回的 openid 存储于本地,方便 openid 的获取,使用 wx.setStorage() 的代码示例如下:

```
wx.setStorageSync('jiaoxue_OPENID', res.data.openid)
```

编译后,可以在调试器的 Storage 面板中看到 openid 已存入本地,Key 的值为 jiaoxue_OPENID,Value 的值为用户的 openid,如图 3-3 所示。

图 3-3　Storage 面板中的本地缓存

如果使用 wx.setStorage() 进行数据存储,可以对数据存储成功后进行操作,代码较 wx.setStorageSync() 有变化,具体代码如下:

```
wx.setStorage({
    key: 'jiaoxue_OPENID',
    data: res.data.openid,
    success:function(){
        console.log('存储成功')
    }
})
```

编译后,同样将 openid 存储于本地缓存,并执行成功回调函数,Console 面板打印出"存储成功",如图 3-4 所示。

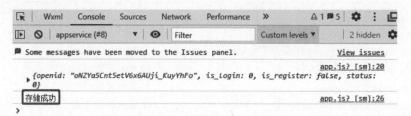

图 3-4　Console 面板中的"存储成功"

需要使用本地缓存中的 openid 时,可以用 wx.getStorageSync('jiaoxue_OPENID')从本地获取 openid,并赋值给相应的变量。当然 wx.getStorage()也可以,这里不再赘述。

**5．wx.showModal( )**

小程序使用 wx.showModal(Object)显示模态对话框,它接收一个对象作为参数,该对象所包含的属性如表 3-4 所示。

表 3-4　wx.showModal(Object)的 Object 包含属性

| 属性 | 类型 | 默认值 | 是否必填 | 说明 |
| --- | --- | --- | --- | --- |
| title | string | | 是 | 提示的标题 |
| content | string | | 是 | 提示的内容 |
| showCancel | boolean | true | 否 | 是否显示"取消"按钮 |
| cancelText | string | 取消 | 否 | "取消"按钮的文字,最多 4 个字符 |
| cancelColor | string | #000000 | 否 | "取消"按钮的文字颜色,必须是十六进制格式的颜色字符串 |
| confirmText | string | 确定 | 否 | "确定"按钮的文字,最多 4 个字符 |
| confirmColor | string | #576B95 | 否 | "确定"按钮的文字颜色,必须是十六进制格式的颜色字符串 |
| editable | boolean | false | 否 | 是否显示输入框 |
| placeholderText | string | | 否 | 显示输入框时的提示文本 |
| success | function | | 否 | 接口调用成功的回调函数 |
| fail | function | | 否 | 接口调用失败的回调函数 |
| complete | function | | 否 | 接口调用结束的回调函数(无论调用成功或失败都会执行) |

其中,success()的返回参数详见表 3-5。

表 3-5　success()的返回参数

| 属性 | 类型 | 说明 | 最低版本 |
| --- | --- | --- | --- |
| content | string | editable 为 true 时,用户输入的文本 | |
| confirm | boolean | 为 true 时,表示用户单击了"确定"按钮 | |
| cancel | boolean | 为 true 时,表示用户单击了"取消"按钮(用于 Android 系统区分单击"蒙层"按钮关闭还是单击"取消"按钮关闭) | 1.0.0 |

在进入豆豆云助教时,如果用户没有注册过,会弹出模态弹窗提示用户前往注册,具体

代码如下:

```
if (!res.data.is_register) {
    wx.showModal({
        title: '提示',
        content: '请先注册',
        showCancel: false,
        confirmText: "确定",
        success: function(res) {
            wx.navigateTo({
                url: '/pages/register/userlogin',
            })
        }
    })
}
```

编译后,弹出模态对话框,提示用户前往注册,如图 3-5 所示。

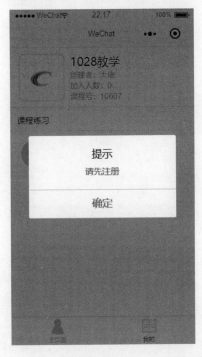

图 3-5　模态对话框提示注册(不含"取消"按钮)

另外尝试在该 wx.showModel() 的基础上,进行简单的修改,首先将 showCancel 属性删除,这样模态弹窗会默认 showCancel 的值为 true。然后添加一个成功回调函数 success(),通过 console.log() 查看一下 success() 的返回值具体有哪些,具体代码如下:

```
wx.showModal({
    title: '提示',
    content: '请先注册',
    confirmText: "确定",
```

```
success: function(res) {
    console.log(res)
    if(res.confirm){
        console.log('"确定"按钮被单击')
        wx.navigateTo({
          url: '/pages/register/userlogin',
        })
    }else if(res.cancel){
        console.log('"取消"按钮被点击')
    }
  }
})
```

编译后,效果图如图 3-6 所示。在 Console 面板中可以看到打印出来的 success()函数的返回值,如图 3-7 所示。

图 3-6　模态对话框提示注册(含"取消"按钮)

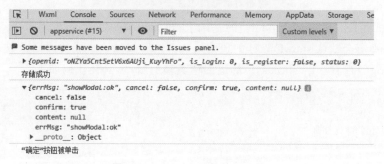

图 3-7　success()函数的返回值

## 3.1.2 授权登录页面实现

**1. 新建小程序项目**

首先新建一个小程序项目,具体操作与1.1.3节中Hello World小程序的新建一样,新建项目时,建议开发者自定义项目名称,并且在存放小程序项目的目录下新建一个空的文件夹,项目目录选择该文件夹,这样方便之后寻找项目所在目录。项目名称可自定义,本书将项目名称命名为doudouyun,与项目相关,具体如图3-8所示。

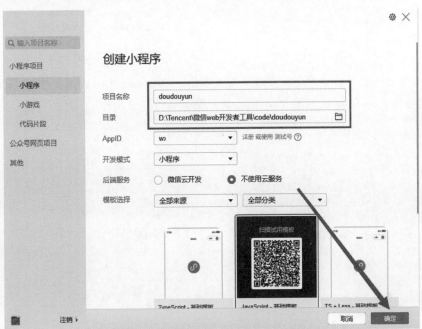

图3-8 新建豆豆云(doudouyun)项目

**2. 新建 userlogin 页面**

完成项目新建后,需要新建一个授权登录页面,首先右击pages目录,选择"新建文件夹",并命名为register。然后右击register目录,选择"新建Page",并命名为userlogin,如图3-9和图3-10所示。

选择"新建Page"而不选择一个一个文件新建,原因是选择"新建Page"时,app.json的pages属性中会自动添加新建的页面,开发者不需要再手动添加页面路径了。

**3. userlogin 页面开发**

userlogin页面的功能主要是授权,与Hello World小程序中index页面的功能相似,因此只要将index页面各文件内容复制到userlogin页面对应文件中,再在此基础上进行简单修改就可以了。

图3-9 新建 register 目录

图3-10 新建 userlogin 页面

首先是 wxml 文件，userlogin 页面结构主要由 view、text 与 button 3 种标签组成，并使用 class 属性定义对应标签的样式，页面中主要是一个"单击授权登录"按钮，具体代码如下：

```
<!-- userlogin.wxml -->
<view class = "container">
    <view class = "usermotto">
        <text class = "user-motto">微信授权</text>
    </view>
    <view class = "userinfo">
        <button wx:if = "{{!hasUserInfo && canIUse}}" open-type = "getUserInfo" bindgetuserinfo = "getUserInfo">单击授权登录</button>
    </view>
</view>
```

然后是 wxss 文件，相比于 Hello World 小程序中 index.wxss 文件，少了两种样式类型，主要保留了 userinfo 与 usermotto，具体代码如下：

```
/** userlogin.wxss **/
.userinfo {
display: flex;
flex-direction: column;
align-items: center;
color:#aaa
}
.usermotto {
margin-top: 150px;
}
```

为了使用户更好地体验，一些小细节也要注意一下，如当用户进入授权登录页面时，页面导航栏的标题文字也相应变为"授权页面"，主要就是在 json 文件中加上一行代码，具体代码如下：

```
{
"navigationBarTitleText": "授权页面"
}
```

最后就是 userlogin.js 中的相关逻辑代码，userlogin 页面的逻辑与 Hello World 小程序中 index 页面的逻辑基本一样，只是简单调整了一下，原有的事件处理函数 bindViewTap()在授权页面不需要了，直接删了就行。然后在 onLoad()函数最后加上一个判断语句，判断当 hasUserInfo!=false 时，跳转至 register 页面，即注册页面，具体代码如下：

```
if (this.data.hasUserInfo) {
    wx.navigateTo({
     url: './register',
    })
}
```

另外 getUserInfo()函数中也相应加上一个页面跳转函数 wx.navigateTo()，实现当触发事件处理函数 getUserInfo()时，跳转至 register 页面，具体代码如下：

```
getUserInfo: function (e) {
    wx.navigateTo({
      url: './register',
    })
    app.globalData.userInfo = e.detail.userInfo
    this.setData({
      userInfo: e.detail.userInfo,
      hasUserInfo: true
    })
}
```

这里的 app.globalData.userInfo=e.detail.userInfo 在新版的微信开发者工具中被删除了，需要重新加上。其作用就是将用户信息赋值给这里的全局变量 app.globalData.userInfo。

最后授权登录页面的效果如图 3-11 所示。

如果之前已经授权过了，看不到想要的授权页面，可以单击工具栏中间区域的"清缓存"按钮，来清除授权记录。

### 4. app.js

除了完成 userlogin 页面的开发外，还需要对 app.js 文件进行修改，首先是 wx.login()方法需要完善，然后才能实现小程序登录功能，最终代码如下：

图 3-11 授权登录页面的效果

```
wx.login({
  success: res => {
    //发送 res.code 到后台换取 openid, sessionkey, unionid
    wx.request({
      url:'https://zjgsujiaoxue.applinzi.com/index.php/Api/Weixin/code_to_openidv2',
      data: {
        'code': res.code,
        'from': 'wx5ee2da791099a208'
      },
      success: function (res) {
        console.log(res.data)
        //将 sessionid 保存到本地 storage
        wx.setStorageSync('jiaoxue_OPENID', res.data.openid)
        if (!res.data.is_register) {
          wx.showModal({
            title: '提示',
            content: '请先注册',
            showCancel: false,
            confirmText: "确定",
            success: function (res) {
              wx.navigateTo({
                url: '/pages/register/userlogin',
              })
            }
          })
        }
      },
      fail: function (res) {
        console.log('res' + res)
      }
    })
  }
})
```

注意,wx.request()的 data 数组中,from 对应的是开发者的 appid,因此 appid 的值需要改成开发者自己的 appid。

编译后,发现 Console 面板会提示错误,如图 3-12 所示。

图 3-12  提示 request 中 url 不在合法域名列表中

解决方法:单击工具栏右侧区域的"详情"按钮,单击"本地设置",勾选"不校验合法域名、web-view(业务域名)、TLS 版本以及 HTTPS 证书"复选框即可,如图 3-13 所示。

勾选"不校验合法域名、web-view(业务域名)、TLS 版本以及 HTTPS 证书"复选框后,

图 3-13　勾选"不校验合法域名、web-view(业务域名)、TLS 版本以及 HTTPS 证书"复选框

重新编译一次,发现 Console 面板提示"该 appid 未注册",如图 3-14 所示。

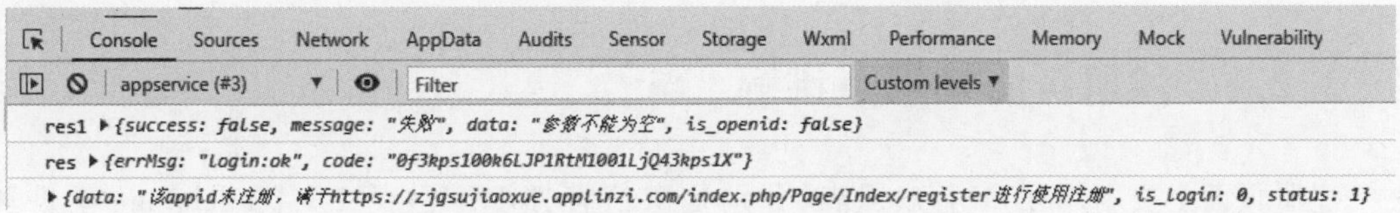

图 3-14　提示"该 appid 未注册"

这是为了让所有开发者在学习豆豆云前端开发时,使用提供给所有开发者的云后台,豆豆云开发者为开发者专门写了一个接口,注册后即可使用提供的云后台。因此要使 wx.login() 方法的 wx.request() 中的 url 实现访问后台,需要前往 https://zjgsujiaoxue.applinzi.com/index.php/Page/Index/register 进行使用注册。调用该接口需要 2 个参数,即开发者的 appid 与 appsecret,如图 3-15 所示。

填写 appid 与 appsecret 后,单击 Submit 按钮即可完成 API 接口注册。API 接口注册完成后,重新编译代码即可看到 Console 面板中 wx.request() 的返回值,主要包括 is_login、is_register 和 openid,如图 3-16 所示。

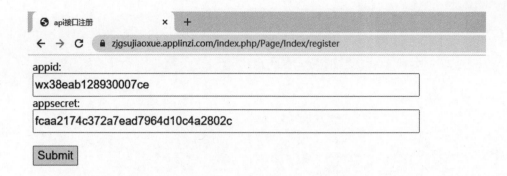

图 3-15  API 接口注册

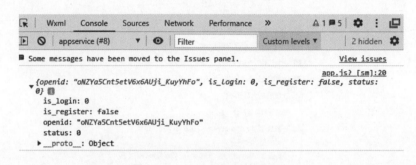

图 3-16  wx.request() 的返回值

到这里，用户第一次进入授权登录页面的跳转逻辑已经完成。

## 3.2 注册页面

在 userlogin 的逻辑中要跳转至注册页面，那就需要新建一个 register 页面。本节主要先对注册页面中的一些知识点进行讲解，再具体介绍如何完成注册页面的开发。

### 3.2.1 注册页面知识点讲解

观看视频

注册页面主要新增了 3 个知识点，分别是微信官方 UI 库 WeUI、bindchange 事件和 openAlert() 函数。

**1. 微信官方 UI 库 WeUI**

WeUI 是一套同微信原生视觉体验一致的基础样式库，由微信官方设计团队为微信内网页和微信小程序量身设计，令用户的使用感知更加统一，包含 button、cell、dialog、progress、toast、article、actionsheet、icon 等元素。WeUI 基础样式库下载地址为 https://github.com/Tencent/weui-wxss。开发者可以将样式库下载并使用微信开发者工具打开 dist 目录（注意，是 dist 目录，不是整个项目），导入 dist 目录后，可以预览样式库，如图 3-17 所示。

图 3-17 WeUI 样式库预览

开发者可以在样式库中选择自己所需要的样式,直接将需要的样式对应的 wxml 代码复制、粘贴至自己的项目中,然后将 WeUI 中 style 文件复制到自己的项目目录中,如将图 3-18 所示的目录下 style 文件夹复制到图 3-19 所示的目录下。

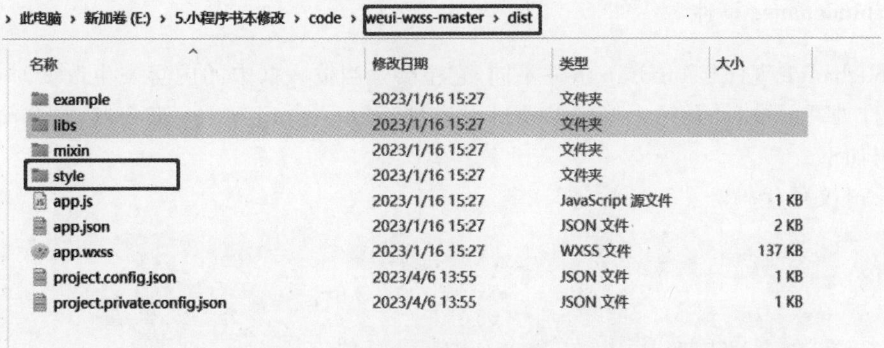

图 3-18 dist 目录下的 style 文件夹

将 style 文件夹复制到自己开发的项目后,还需要在 app.wxss 文件中使用@import 导入 WeUI 的样式,如图 3-20 所示。到这里,即可正常使用 WeUI 库中微信的官方样式。

图 3-19　doudouyun 项目下的 style 文件夹

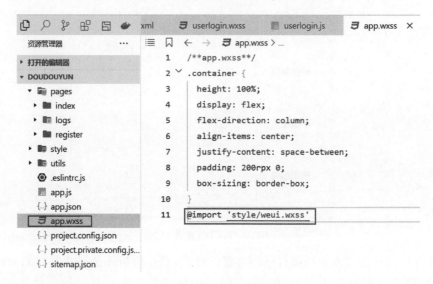

图 3-20　导入 WeUI 样式

**2. bindchange 事件**

bindchange 事件与 bindtap 事件不同,它主要是当输入框中的内容发生改变时,触发对应的事件处理函数,并且输入框中的值可以通过 event.detail.value 来获取,举个简单的例子,代码如下。

wxml 文件代码:

```
<view class="weui-cells weui-cells_after-title">
  <view class="weui-cell weui-cell_active">
    <view class="weui-cell__hd">
      <view class="weui-label">qq</view>
    </view>
    <view class="weui-cell__bd">
      <input class="weui-input" placeholder-class="weui-input__placeholder" placeholder="请输入qq" bindchange="changevalue"/>
```

```
      </view>
    </view>
  </view>
```

js 文件代码：

```
Page({
  data: {
    qq:0
  },
  changevalue:function(event){
    console.log(event)
    this.setData({
      qq: event.detail.value
    })
  },
})
```

页面效果如图 3-21 所示。

图 3-21　bindchange 使用样例

当在输入框输入内容后，单击其他空白处，可以打印出 changevalue() 函数的返回值，会发现输入的内容被存放在 detail 的 value 中，如图 3-22 所示。

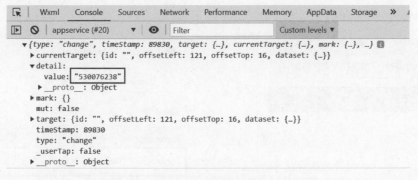

图 3-22　bindchange 事件触发后 value 的值

**3. openAlert() 函数**

openAlert() 函数是在 js 文件中自定义的一个函数，在定义函数后，可以在其他函数中使用 this.openAlert()调用 openAlert()函数。

### 3.2.2 注册页面实现

注册页面实现主要分为两部分：一部分是注册页面的页面布局；另一部分则是注册页面的功能实现。

观看视频

**1. 注册页面的页面布局**

与新建 userlogin 页面一样，在 register 目录下，右击 register，选择"新建 Page"，并命名为 register。建完 register 页面后，接下来就是往页面里写内容了。

首先看一下 register 页面最后的效果，如图 3-23 所示。

然后在 WeUI 基础样式库中找到对应的样式，其中姓名、手机号、学校、学号和入学年份是一个输入框，对应的是 WeUI 中表单→input 里面的一种样式，如图 3-24 所示。单击模拟器下方的"打开"按钮，即可在编辑器的目录结构区找到该页面对应的目录，打开 input.wxml 文件，找到该样式对应的代码，如图 3-25 所示。将其复制到 doudouyun 项目的 register.wxml 中，其中这段代码最后还少了一个</view>，作为最开始<view>的结束。

图 3-23 注册页面效果　　图 3-24 WeUI 样式库中对应的 input 样式

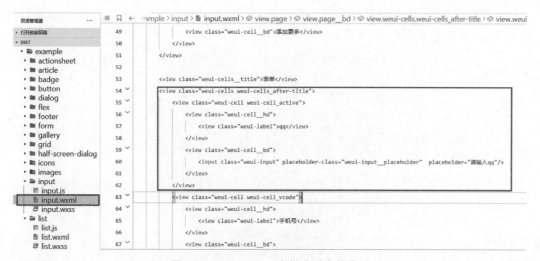

图 3-25　input.wxml 中样式对应的代码

以姓名的 input 为例,其他都与姓名的操作一致,代码如下。

register.wxml 代码:

```
<view class="weui-cells weui-cells_after-title">
  <view class="weui-cell weui-cell_active">
    <view class="weui-cell__hd">
      <view class="weui-label">姓名</view>
    </view>
    <view class="weui-cell__bd">
      <input class="weui-input" placeholder-class="weui-input__placeholder" placeholder="请输入姓名" bindchange="changeName"/>
    </view>
  </view>
</view>
```

**2. 注册页面的功能实现**

注册页面的功能实现需要完善 register.js 中的代码,代码如下:

```
Page({
  data:{
    name:''
  },
  changeName:function(e){
    this.setData({
      name:e.detail.value
    })
  }
})
```

观看视频

其他注册信息的输入框与姓名一样,分别加入 wxml 代码,并在 data 数组中加入对应的变量,对应的 bindchange() 函数进行修改即可。

除了输入框外,最后还有一个"提交"按钮,在 WeUI 样式库中的表单→button 找到对应的 button 样式,如图 3-26 所示。

图 3-26　WeUI 样式库中对应的 button 样式

然后在 register.wxml 文件的最后加上一段 button 的代码,具体代码如下:

```
< view class = "page__bd submit">
    < navigator class = "weui-btn weui-btn_primary" aria-role = "button" url = "javascript:" bindtap = "bindSubmit">提交</navigator >
</view >
```

其中,第一个< view >的 class 类的最后新加一个 submit 子类,并在 wxss 文件中写 submit 子类样式的相关属性,主要是为了调整"提交"按钮的样式。其中,margin 后面如果只有两个参数,那么第一个表示 top 和 bottom,第二个表示 left 和 right。margin: 0 auto,表示上下边界为 0,左右则根据宽度自适应相同值(即居中)。padding-top 的作用是使 button 与 input 之间有一定距离,而不是紧紧连接在一起。并设置 width 为屏幕宽度的 90%。具体代码如下:

```
.submit{
    margin: 0 auto;
```

```
      padding - top: 15px;
      width: 90%;
}
```

"提交"按钮绑定的事件处理函数 bindSubmit(),主要向后台发送用户注册信息,这里后台提供了一个 API 接口用于将注册信息存入后台数据库。请求成功后,跳转至 index 页面,具体代码如下:

```
bindSubmit: function (e) {
  wx.request({
    url: 'http://zjgsujiaoxue.applinzi.com/index.php/Api/User/register_by_openid',
    data: {
      openid: wx.getStorageSync('jiaoxue_OPENID'),
      globalData: JSON.stringify(app.globalData.userInfo),
      name: this.data.name,
      tel: this.data.tel,
      school: this.data.school,
      num: this.data.num,
      enter_year: this.data.year
    },
    success: res => {
      if (res.data.is_register) {
        wx.redirectTo({
          url: '../index/index',
        })
      }
    },
    fail: res => {
    },
  })
},
```

## 3.3 "我的"页面

用户在注册页面填入注册信息后,单击"提交"按钮,完成豆豆云的注册。然后跳转至 index 页面,这里需要新建一个"我的"页面,用于用户查看注册信息,本节主要讲解的就是如何开发"我的"页面。

### 3.3.1 "我的"页面知识点讲解

观看视频

"我的"页面主要新增了两个知识点:微信小程序媒体组件 image 的属性和 wxss 属性的介绍。

**1. image 组件的属性**

image 组件的属性详见表 3-6。

表 3-6  image 组件的属性

| 属 性 名 | 类 型 | 说 明 |
|---|---|---|
| src | string | 图片资源地址 |
| mode | string | 图片裁剪、缩放的模式 |
| binderror | eventhandle | 当错误发生时触发，event.detail = {errMsg} |
| bindload | eventhandle | 当图片载入完毕时触发，event.detail = {height,width} |

注：image 组件默认宽度为 300px，高度为 225px。

图 3-27 中 image 组件用到了三目运算作为判断，三目运算符的定义：<表达式 1>？<表达式 2>:<表达式 3>；"？"运算符的含义是：先求表达式 1 的值，如果为真，则执行表达式 2，并返回表达式 2 的结果；如果表达式 1 的值为假，则执行表达式 3，并返回表达式 3 的结果。

图 3-27  images 组件

试验中的 image 链接语句：src="{{userInfo.head_img1?userInfo.head_img:'/images/default_head_circle.png'}}"是三目运算符。首先判断 storage 中是否获取到 userInfo.head_img，如图 3-28 所示。

如果 storage 中获取到 userInfo.head_img，图片资源地址则为 userInfo.head_img，反之则为 image 文件中的 default_head_circle.png 图片。

**2. wxss 属性介绍**

rpx(responsive pixel)：可以根据屏幕宽度进行自适应。规定屏幕宽为 750rpx。如在 iPhone 6 中，屏幕宽度为 375px，共有 750 个物理像素，则 750rpx=375px=750 物理像素，1rpx=0.5px=1 物理像素。设备对应的单位换算详见表 3-7。

图 3-28　userinfo 中头像信息

表 3-7　设备对应的单位换算

| 设　　备 | rpx 换算 px（屏幕宽度/750） | px 换算 rpx（750/屏幕宽度） |
| --- | --- | --- |
| iPhone 5 | 1rpx＝0.42px | 1px＝2.34rpx |
| iPhone 6 | 1rpx＝0.5px | 1px＝2rpx |
| iPhone 6 Plus | 1rpx＝0.552px | 1px＝1.81rpx |

建议开发微信小程序时设计师可以用 iPhone 6 作为视觉稿的标准。

注意，在较小的屏幕上不可避免地会有一些毛刺，请在开发时尽量避免这种情况。

```
.head_img {
height: 120rpx;
width: 120rpx;
border-radius: 50%;
}
.weui-cell__ft {
color: #000;
}
```

height 为图片的高度；width 为图片的宽度；border-radius 为圆角的角度，为图片添加圆角边框，例如 border-radius：50%，就是以百分比定义圆角的形状；color 为文字的颜色。

## 3.3.2　"我的"页面实现

右击 pages，选择"新建文件夹"，命名为 my。右击 my 目录，选择"新建 Page"，命名为 myinfo。

在 app.json 中新增 tabBar，分别导航到 index 首页和 myinfo"我的"页面，具体操作可

观看视频

参考 1.4.2 节。

"我的"页面的实现与注册页面差不多,其中"我的"页面效果如图 3-29 所示。

首先在 WeUI 样式库中找到对应的样式,查看 WeUI 中 list 样式,发现要找的是"带说明、跳转的列表项",如图 3-30 所示。myinfo.wxml 文件中的代码如下。

图 3-29  "我的"页面效果　　　　图 3-30  WeUI 样式库中对应的 list 样式

```
<view class = "weui-cells weui-cells_after-title">
  <navigator url = "" class = "weui-cell weui-cell_access" hover-class = "weui-cell_active">
    <view class = "weui-cell__bd">头像</view>
    <view class = "weui-cell__ft weui-cell__ft_in-access">
      <image class = "head_img" src = "{{userinfo.head_img?userinfo.head_img:'/images/default_head_circle.png'}}">
      </image>
    </view>
  </navigator>
  <navigator url = "" class = "weui-cell weui-cell_access" hover-class = "weui-cell_active">
    <view class = "weui-cell__bd">姓名</view>
    <view class = "weui-cell__ft weui-cell__ft_in-access">{{userinfo.name}}</view>
  </navigator>
  <navigator url = "" class = "weui-cell weui-cell_access" hover-class = "weui-cell_active">
    <view class = "weui-cell__bd">手机号</view>
    <view class = "weui-cell__ft weui-cell__ft_in-access">{{userinfo.tel}}</view>
```

```
        </navigator>
        <navigator url="" class="weui-cell weui-cell_access" hover-class="weui-cell_active">
            <view class="weui-cell__bd">性别</view>
            <view class="weui-cell__ft weui-cell__ft_in-access">{{userinfo.sex}}</view>
        </navigator>
        <navigator url="" class="weui-cell weui-cell_access" hover-class="weui-cell_active">
            <view class="weui-cell__bd">学校</view>
            <view class="weui-cell__ft weui-cell__ft_in-access">{{userinfo.school}}</view>
        </navigator>
        <navigator url="" class="weui-cell weui-cell_access" hover-class="weui-cell_active">
            <view class="weui-cell__bd">学号</view>
            <view class="weui-cell__ft weui-cell__ft_in-access">{{userinfo.number}}</view>
        </navigator>
        <navigator url="" class="weui-cell weui-cell_access" hover-class="weui-cell_active">
            <view class="weui-cell__bd">入学年份</view>
            <view class="weui-cell__ft weui-cell__ft_in-access">{{userinfo.enter_year}}
        </view>
    </navigator>
</view>
```

其中,userinfo 的值是通过向后台访问请求,获取到的用户信息,并存在本地,然后从本地读取出来进行赋值。

当没有获取到用户信息时,显示默认头像,所以需要在 images 文件夹下放默认头像图片,这里默认头像的名称为 default_head_circle.png,通过 userinfo.head_img?userinfo.head_img:'/images/default_head_circle.png'来判断是否获取到了用户头像。

该请求的代码写在 app.js 中,具体位置如图 3-31 所示,具体代码如下:

```
wx.request({
    url: 'https://zjgsujiaoxue.applinzi.com/index.php/Api/User/getInfo',
    data: {
        'openid': res.data.openid,
    },
    success: function (res1) {
        wx.setStorageSync('userInfo', res1.data.data)
    },
})
```

在 myinfo.js 文件的 data 数组中定义变量 userinfo,并在 onLoad()函数中对 userinfo 变量进行赋值,具体代码如下:

```
Page({

/**
 * 页面的初始数据
 */
```

```
wx.login({
    success: res => {
        // 发送 res.code 到后台换取 openid, sessionKey, unionid
        wx.request({
            url: 'https://zjgsujiaoxue.applinzi.com/index.php/Api/Weixin/code_to_openidv2',
            data: {
                'code': res.code,
                'from': 'wx3bf89c3e7d528026'
            },
            success: function (res) {
                console.log(res.data)
                //将sessionid保存到本地storage
                wx.setStorageSync('jiaoxue_OPENID', res.data.openid)
                wx.request({
                    url: 'https://zjgsujiaoxue.applinzi.com/index.php/Api/User/getInfo',
                    data: {
                        'openid': res.data.openid,
                    },
                    success: function (res1) {
                        wx.setStorageSync('userInfo', res1.data.data)
                    },
                })
                if (!res.data.is_register) {
                    wx.showModal({
                        title: '提示',
                        content: '请先注册',
                        showCancel: false,
                        confirmText: "确定",
```

图 3-31 访问后台获取用户信息

```
data: {
userinfo:{ }
},

/**
 * 生命周期函数--监听页面加载
 */
onLoad: function (options) {
this.setData({
userinfo: wx.getStorageSync('userInfo')
})
}
```

编译后发现头像显示过大，如图 3-32 所示。

因此需要在媒体组件 image 中自定义类 head_img，调整图片大小。其中 myinfo.wxss 文件的代码如下：

```
.head_img{
height: 120rpx;
width: 120rpx;
border-radius: 50%;
}
```

到这里，"我的"页面就能正常显示了。

第3章 豆豆云助教"我的"页面模块开发

图 3-32 头像显示过大

## 3.4 作业思考

**一、讨论题**

1. 讨论对小程序登录流程的理解。
2. 如何理解数据缓存中同步与异步缓存的区别？
3. 如何快速找到并使用 WeUI 基础样式库中自己需要的样式？
4. 样式中 margin 属性值为 0 auto 是什么意思？
5. bindchange 与 bindtap 有什么区别？
6. 新建 tabBar 之后，register 页面中页面跳转的逻辑是否需要修改？
7. 如何修改图片大小和形状？
8. 近年来，网上个人信息泄露事件时有发生，你知道有哪些因网上个人信息泄露造成财产损失的案件？

**二、单选题**

1. 在 iPhone 6 的开发模式中 rpx 和 px 的比例是（　　）。
    A. 1rpx＝2px　　　　　　　　　　B. 1rpx＝0.5px
    C. 1rpx＝0.552px　　　　　　　　D. 1rpx＝3px

2. wx.login()的属性有(    )。
   A. success、fail、timeout、complete
   B. success、fail、data、complete
   C. success、fail、timeout、data
   D. success、fail、url、data

3. 小程序使用 wx.showModal(Object)显示模态弹窗,以下(    )参数可以用于不显示"取消"按钮。(B)
   A. confirmText           B. showCancel
   C. content               D. cancelText

4. wx.request()中以下(    )说法是不正确的。
   A. url 是开发者服务器的接口地址
   B. data 是请求的参数
   C. complete()是调用结束的回调函数(只有调用成功才会执行)
   D. dataType 默认值是 json

5. 页面配置的 json 中(    )配置导航栏文字内容。
   A. navigationBarBackgroundColor    B. navigationBarTextStyle
   C. navigationBarTitleText          D. navigationStyle

6. 当 wxml 的 input 组件通过 bindchange 事件绑定了 js 的 changname:function(e)函数,可通过(    )打印 input 组件中改变的值。
   A. console.log(e.detail.value)     B. console.log(e.detail.input)
   C. console.log(e.value)            D. console.log(e.input)

7. 以下关于 image 组件的属性(    )是错误的。
   A. src:图片的资源地址
   B. mode:图片裁剪、缩放的模式
   C. binderror:当没有错误发生时,发布到 AppService 的事件名,事件对象:event.detail={errMsg:'something wrong'}
   D. bindload:当文档载入完毕时,发布到 AppService 的事件名,事件对象 event.detail={height:'图片高度 px',width:'图片宽度 px'}

8. 关于滚动视图<scroll-view>,以下说法不正确的是(    )。
   A. 可以设置 scroll-x 属性进行横向滚动
   B. 可以自定义任意角度的滚动方向
   C. 可以设置 scroll-y 属性进行纵向滚动
   D. 纵向滚动时,必须设置该组件的固定高度

9. 以下代码表示提示框将会出现(    )。

```
wx.showToast({
    title:'成功',
    icon:'success',
```

```
duration: 2000
})
```

  A. 2000min         B. 2000s

  C. 2000ms         D. 200ms

10. 关于 border-radius 说法正确的是(　　)。

  A. 为图片添加边框       B. 为图片添加圆角边框

  C. 为文字添加圆角边框     D. 为图片改变边框大小

# 第4章

# 豆豆云助教"信息修改"模块开发

## 篡改信息造成严重后果(开发可靠的"信息修改"模块)

网络的快速发展为人们提供了更方便快捷的信息获取方式,但同时也为黑客们篡改信息、攻击系统等违法行为提供了更有效的途径。想象一下这样的网络安全灾难:一家制药商遭遇数据泄露事件,但没有数据被盗,也没有被植入勒索软件。相反,攻击者只是篡改了临床试验中的一些数据,最终导致公司发布了错误的药品。篡改数据是一种不同类型的威胁,对于某些组织而言,这种威胁可能更为严重,具体视情形而定。

专家表示,篡改数据并没有引起许多企业的注意,因为这种攻击很少发生并且被曝光。但这种攻击并非完全没有先例。如在2021年年初,一名闯入佛罗里达州水处理厂的黑客将水中氢氧化钠(碱液)的浓度提高到不安全的水平。所幸工作人员很快发现了这一破坏行径。

本古里安大学研究人员在2019年的一项研究中发现,他们在人工智能的帮助下操纵CT扫描图,始终能够诱使放射科医生误诊肺部疾病。领导这项研究的Yisroel Mirsky是该大学的进攻性人工智能研究实验室的负责人,他说:"如果你不留意这种威胁,几乎每次都会掉入陷阱。"研究还发现,即使放射科医生被告知某些图像是伪造的,他们上当受骗的概率仍高达60%。

当恶意篡改信息导致重大损失的案例发生时,必然引发人们对信息安全和隐私保护的关注。为了预防类似事件再次发生,个人信息修改模块的搭建成为了关键的解决方案之一。通过开发可靠的个人信息修改模块,人们能够更加方便、安全地更新和管理自己的个人信息,提高信息的准确性和可信度。

本章将带领读者完成修改"我的"页面信息的开发,对最初注册的信息由于错误录入或变更个人信息提供修改渠道。此外,对"我的"页面模块中的性别信息数字显示进行调整,使其显示出正确的性别信息。期间,增加了"我的"个人信息页面跳转功能,使得单击用户的任意一条信息都能带参调转至"信息修改"页面,最后完成"信息修改"页面的验证。

# 4.1 myInfo 页面调整

要完成修改"我的"页面的开发,首先需要新建一个页面,右击 my 目录,选择"新建 Page",并命名为 change。在开始修改"我的"页面开发之前,还需要对 myinfo 页面进行简单的调整。

## 4.1.1 性别信息显示调整

仔细看"我的"页面,发现"性别"这一栏显示的是 1,而不是男或女,如图 4-1 所示。

这是由于性别是微信从用户所注册的微信账号信息中获取的,并且以数字的形式保存在数据库中,因此需要在 myinfo.js 的 data{}中设一个数组来显示用户的性别信息,其中 0 对应"保密"、1 对应"男"、2 对应"女"。代码如下:

```
data: {
  userinfo:{ },
  sex_array:['保密','男','女']
},
```

另外,myinfo.wxml 中"性别"一栏对应的变量从{{userinfo.sex}}变为{{sex_array[userinfo.sex]}},这样"我的"页面就可以正常显示性别信息了,如图 4-2 所示。

图 4-1 "我的"页面性别信息显示有问题

图 4-2 "我的"页面性别信息正常显示

### 4.1.2 增加页面跳转

既然要完成修改"我的"页面信息的功能,那么需要在"我的"页面增加一个页面跳转,在单击需要修改的信息时,可以进入修改"我的"页面信息。其中,"我的"页面的样式选择的是带说明、跳转的列项表,因此用到了 navigator 组件。navigator 跳转分为两种状态:一种是关闭当前页面;另一种是不关闭当前页面。navigator 组件主要属性如表 4-1 所示。

表 4-1 navigator 组件主要属性

| 属 性 | 类 型 | 默 认 值 | 说 明 |
|---|---|---|---|
| target | string | self | 在哪个目标上发生跳转,默认为当前小程序 |
| url | string |  | 应用内的跳转链接 |
| open-type | string | navigate | 跳转方式 |
| hover-class | string | navigator-hover | 指定点击时的样式类,当 hover-class="none" 时点击效果 |

其中,open-type 的合法值见表 4-2。

表 4-2 open-type 的合法值

| 值 | 说 明 |
|---|---|
| navigate | 对应 wx.navigateTo 或 wx.navigateToMiniProgram 的功能 |
| redirect | 对应 wx.redirectTo 的功能 |
| switchTab | 对应 wx.switchTab 的功能 |
| reLaunch | 对应 wx.reLaunch 的功能 |
| navigateBack | 对应 wx.navigateBack 或 wx.navigateBackMiniProgram(基础库 2.24.4 版本支持)的功能 |
| exit | 退出小程序,target="miniProgram"时生效 |

因此要完成页面跳转,只需要给 navigator 组件的 url 属性添加跳转链接,使得单击需要修改的信息时,跳转至 change 页面。以"姓名"为例,代码如下:

```
<navigator url="./change?changeWhat=name" class="weui-cell weui-cell_access" hover-class="weui-cell_active">
<view class="weui-cell__bd">姓名</view>
<view class="weui-cell__ft weui-cell__ft_in-access">{{userinfo.name}}</view>
</navigator>
```

其中,跳转路径中带了 changeWhat 参数,且 changeWhat=name,实现带参跳转,以便后续识别修改的是什么信息。另外,手机号、性别、学校、学号和入学年份的跳转路径中的 changeWhat 参数的值分别为 tel、sex、school、number 和 enter_year。

除此之外,还有一个头像信息的修改,豆豆云助教中暂时不支持修改头像的功能,因此"头像"的 navigator 组件中的 url 属性就不需要了。给 navigator 组件添加一个 bindtap 的事件处理函数,使得单击"头像"时提示"头像暂不支持修改",但是发现删了 url 属性之后,单击"头像"时会报错,如图 4-3 所示。这是由于 navigator 组件中 open-type 属性默认值为

navigate，对应的是 wx.navigateTo 的功能，使用 navigateTo 时需要有 url 属性。

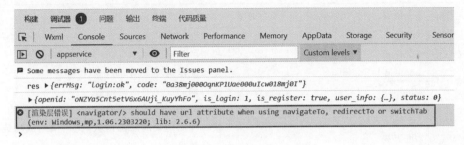

图 4-3　navigator 组件报错

因此，将 navigator 组件改为 view 组件，具体代码如下。

myinfo.wxml 文件：

```
<view class="weui-cell weui-cell_access" hover-class="weui-cell_active" bindtap="choseImage">
  <view class="weui-cell__bd">头像</view>
  <view class="weui-cell__ft weui-cell__ft_in-access">
    <image class="head_img" src="{{userinfo.head_img?userinfo.head_img:'/images/default_head_circle.png'}}">
    </image>
  </view>
</view>
```

myinfo.js 文件：

```
choseImage:function(){
  this.openAlert("头像暂不支持修改")
},

openAlert: function(e){
  wx.showToast({
    title: e,
    icon: "none",
  })
},
```

其中，myinfo.js 文件中涉及了两个知识点，分别是 wx.showToast() 和方法调用。

### 1. wx.showToast()

wx.showToast() 与 wx.showModal() 一样是页面交互中的一种消息提示框，其属性详见表 4-3。

表 4-3　wx.showToast() 属性

| 属性 | 类型 | 默认值 | 是否必填 | 说明 |
| --- | --- | --- | --- | --- |
| title | string |  | 是 | 提示内容 |
| icon | string | 'success' | 否 | 图标 |

续表

| 属性 | 类型 | 默认值 | 是否必填 | 说明 |
|---|---|---|---|---|
| image | string | | 否 | 自定义图标的本地路径，image 的优先级高于 icon |
| duration | number | 1500 | 否 | 提示的延迟时间 |
| mask | boolean | false | 否 | 是否显示透明蒙层，防止触摸穿透 |
| success | function | | 否 | 接口调用成功的回调函数 |
| fail | function | | 否 | 接口调用失败的回调函数 |
| complete | function | | 否 | 接口调用结束的回调函数（无论调用成功或失败都会执行） |

其中，icon 的合法值详见表 4-4。

表 4-4 icon 的合法值

| 值 | 说 明 |
|---|---|
| success | 显示成功图标，此时 title 文本最多显示 7 个汉字长度 |
| error | 显示失败图标，此时 title 文本最多显示 7 个汉字长度 |
| loading | 显示加载图标，此时 title 文本最多显示 7 个汉字长度 |
| none | 不显示图标，此时 title 文本最多可显示两行，1.9.0 及以上版本支持 |

当 icon 取值不同时，消息提示框提示显示图标不同，开发者可以根据自己的需求选择不同的 icon 值，如图 4-4 所示。

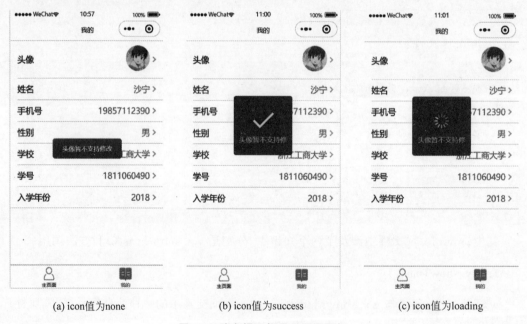

(a) icon值为none　　(b) icon值为success　　(c) icon值为loading

图 4-4　消息提示框显示不同图标

**2. 方法调用**

在 myinfo.js 文件中，openAlert() 为自定义的一个方法，该方法中含有一个参数 e，用于显示消息提示框的标题（即 title），且该方法实现的是显示消息提示框的功能。方法定义后,调用该方法时,需要使用"this.方法名"(即 this.openAlert())调用 openAlert()方法,myinfo.js 中的事件处理函数 choseImage()调用 openAlert()方法,实现单击"头像"时触发 choseImage()函数,弹出消息提示框。其中,"头像暂不支持修改"为 openAlert()方法中参数 e 的值。

## 4.2　change 页面实现

观看视频

change 页面的实现主要包括页面布局与页面逻辑两方面,本节将分别介绍如何完成页面布局与页面逻辑的开发,并讲解涉及的知识点。

### 4.2.1　change 页面布局

change 页面的页面布局相对简单,只要一个简单的文本框即可,页面最终效果如图 4-5 所示。

在 WeUI 样式库的表单→input 中,会发现找不到完全相同的样式,但是可以找到两个与页面最终效果相似的表单输入,如图 4-6 所示。

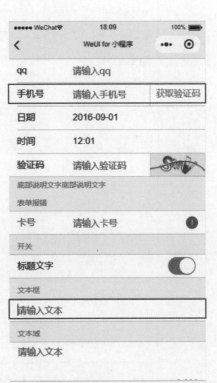

图 4-5　change 页面最终效果　　　　　图 4-6　WeUI 样式库中相似样式

将这两个表单输入的样式对应的 wxml 文件代码复制到 doudouyun 项目中,具体代码如下:

```
<view class = "weui-cells weui-cells_after-title">
  <view class = "weui-cell weui-cell_active">
    <view class = "weui-cell__bd">
      <input class = "weui-input" placeholder-class = "weui-input__placeholder" placeholder = "请输入文本" />
    </view>
    <view class = "weui-cell__ft">
      <view class = "weui-vcode-btn" aria-role = "button">保存</view>
    </view>
  </view>
</view>
```

观看视频

### 4.2.2 change 页面逻辑

为了用户的使用友好性，需要对 change 页面的输入框的 placeholder 与导航栏标题文字进行处理，使得用户进入修改页面时，可以从 placeholder 与导航标题中了解自己需要修改的是什么信息。另外，在输入框中显示用户原有的信息，以便用户在修改信息时可以看到原有的信息。在原有信息基础上进行修改，具体效果如图 4-7 所示。

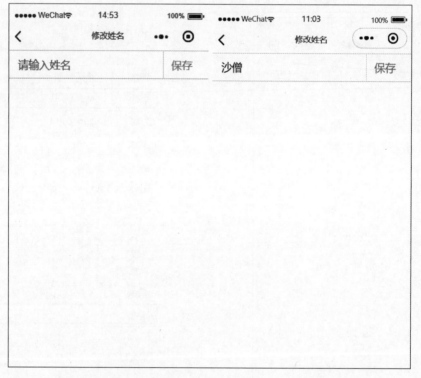

图 4-7　change 页面的 placeholder 与 title

这里主要是对 change 页面的页面参数进行处理，实现 placeholder 与 title 值的显示。首先对 change.wxml 文件中 input 组件的 placeholder 属性值进行修改，将原来的"请输入文本"改为变量"{{placeholder}}"，增加 value 属性，且 value="{{value}}"，并在 change.js

文件的 data 数组中添加变量 placeholder 和 value，初始值为空，然后给变量 placeholder 和 value 赋值。

另外，由于页面参数中 changeWhat 的值均为英文，而在页面上需要显示中文才更合乎情景，因此需要在 data 数组中增加一个 infoArray 数组，实现中英文转换。由于性别信息的特殊性，因此需要增加一个 sexArray 数组，具体代码如下：

```javascript
data: {
  placeholder:'',
  value:'',
  userinfo: wx.getStorageSync('userInfo'),
  infoArray:{
    name:"姓名",
    tel:"手机号",
    sex:"性别",
    school:"学校",
    number:"学号",
    enter_year:"入学年份"
  },
  sexArray: ['保密','男','女'],
},

onLoad: function (options) {
  this.data.userinfo = wx.getStorageSync('userInfo')
  console.log(options)
  this.setData({
    placeholder: '请输入' + this.data.infoArray[options.changeWhat],
    value: this.data.userinfo[options.changeWhat],
    changeWhat: options.changeWhat,
    tmp: this.data.userinfo[options.changeWhat]
  })
  if (options.changeWhat == 'sex'){
    this.setData({
      value: this.data.sexArray[this.data.userinfo[options.changeWhat]]
    })
  }
  wx.setNavigationBarTitle({
    title: '修改' + this.data.infoArray[options.changeWhat]
  })
},
```

### 4.2.3 添加事件处理函数

change 页面中需要添加两个事件处理函数，分别添加在 input 组件和"保存"所在的 view 组件中，如图 4-8 所示。

**1. valuechange()函数**

valuechange()函数的主要作用是保存用户修改后的信息，因此需要在 data 数组中添加

观看视频

```
<!--pages/my/change.wxml-->
<view class="weui-cells weui-cells_after-title">
  <view class="weui-cell weui-cell_input">
    <view class="weui-cell__bd">
      <input class="weui-input" placeholder="{{placeholder}}" value="{{value}}" bindchange='valuechange'/>
    </view>
    <view class="weui-cell__ft">
      <view class="weui-vcode-btn" bindtap="submit">保存</view>
    </view>
  </view>
</view>
```

图 4-8 change.wxml 中添加 bindchange 与 bindtap

一个临时变量 tmp,初始值为空,用于存储修改后的信息,具体代码如下:

```
valuechange: function (res) {
  this.setData({
    tmp: res.detail.value
  })
},
```

### 2. submit()函数

submit()函数的主要作用是向后台提交修改后的信息,并更新数据库,因此这里需要使用 wx.request()向后台发起请求。需要向后台发送的数据有 openid、change 和 value,其中 change 的值为需要修改的信息名,即 changeWhat。由于该请求并不在生命周期函数中,因此不能通过 options.changeWhat 获取页面参数,需要在 data 数组中添加一个 changeWhat 的变量,初始值为空,并在 onLoad()函数给 changeWhat 赋值,如图 4-9 所示。

```
onLoad: function (options) {
  this.data.userinfo = wx.getStorageSync('userInfo')
  console.log(options)
  this.setData({
    placeholder: '请输入' + this.data.infoArray[options.changeWhat],
    value: this.data.userinfo[options.changeWhat],
    changeWhat: options.changeWhat,
    tmp: this.data.userinfo[options.changeWhat]
  })
  if (options.changeWhat == 'sex') {
    this.setData({
      value: this.data.sexArray[this.data.userinfo[options.change
    })
  }
  wx.setNavigationBarTitle({
    title: '修改' + this.data.infoArray[options.changeWhat]
  })
}
```

图 4-9 changeWhat 变量赋值

submit()函数的代码具体如下:

```
submit: function(res){
  if (this.data.tmp == '') {
```

```
      wx.showToast({
        title: this.data.titleArray[this.data.changeWhat] + '不能为空',
        icon: 'none'
      })
      return
    }
    if(this.data.changeWhat == 'sex'){
      if (this.data.tmp == '男') {
        this.data.tmp = 1
      } else if (this.data.tmp == '女') {
        this.data.tmp = 2
      } else {
        this.data.tmp = 0
      }
    }

    if(this.data.tmp == this.data.userinfo[this.data.changeWhat]){
      wx.navigateBack()
    }else{
        wx.request({
            url: userUrl + 'updateInfo',
            data:{
                openid: wx.getStorageSync('jiaoxue_OPENID'),
                change:this.data.changeWhat,
                value: this.data.tmp
            },
            success: res =>{
                console.log('update',res)
                if (res.data.success) {
                    this.data.userinfo[this.data.changeWhat] = this.data.tmp
                    wx.setStorageSync('userInfo', this.data.userinfo)
                    wx.navigateBack()
                } else {
                    wx.showToast({
                        title:'修改失败',
                        icon: 'none'
                    })
                    wx.navigateBack()
                }

            },
            fail: res => {

            }
        })
    }
},
```

其中，增加了几个 if 语句进行判断，当 tmp 为空时，提示"信息不能为空"，并且通过 return 回到该 if 判断，直到 tmp 的值不为空时，才结束该判断，继续执行下面的逻辑。另外，当修改性别信息时，需要将 tmp 的值重新赋值。tmp 为"男"时，赋值为 1；tmp 为"女"时，赋值为 2；tmp 为"保密"时，赋值为 0。当 tmp 的值与原有信息的值相等时，直接使用 wx.navigateBack()回到"我的"页面，这样可以减少后台请求次数；当 tmp 的值与原有信息的值不相等时,使用 wx.request()向后台请求更新用户信息,修改数据库中存储的用户信息。若请求成功,则使用 wx.setStorageSync('userInfo')更新本地缓存,并返回"我的"页面;若请求失败,则提示"修改失败"并返回"我的"页面。

修改信息后回到"我的"页面会发现,"我的"页面中对应的信息没有修改成功,但是 Storage 面板中的信息已经完成修改,如图 4-10 所示。

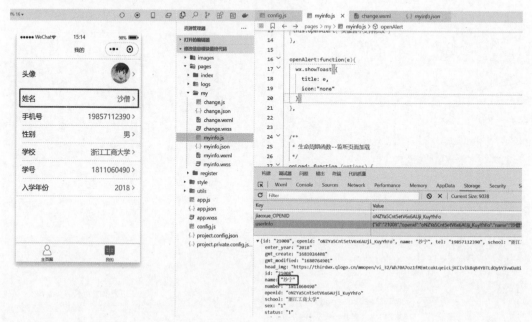

图 4-10 "我的"页面对应信息修改失败

这是由于 myinfo.js 中 userinfo 变量是在 onLoad()函数中赋值的,而 onLoad()函数只有在重新编译或者关闭该页面重新打开时才会执行。而前往修改页面时,使用的 navigator 组件跳转与 wx.navigateTo()相同,并不会关闭"我的"页面,因此使用 wx.navigateBack() 回到"我的"页面时,onLoad()函数不会再次执行,userinfo 的值并没有更新。解决方法就是在 onShow()函数中对 userinfo 赋值,因为 onShow()函数的作用是监听页面显示,会在页面每次显示时执行。具体代码如下:

```
//myinfo.js 文件中的 onShow()函数
onShow:function(){
  this.setData({
    userinfo: wx.getStorageSync('userInfo')
  })
}
```

观看视频

## 4.3 配置文件的使用

所有的 wx.request()请求,url 的网址都有很多共同之处,所以对共同之处进行宏定义,以方便修改与迁移。

具体做法如下。

新建 config.js 配置文件，如图 4-11 所示。

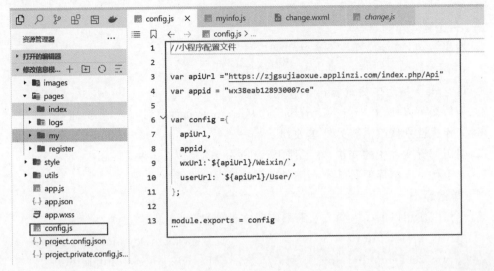

图 4-11　配置文件

在需要调用时引入，如图 4-12 所示。这里只举一例，其他类似。

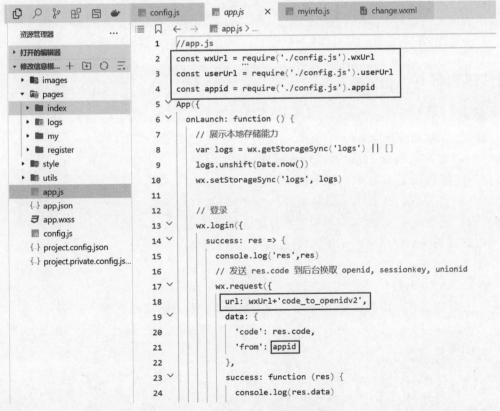

图 4-12　配置文件中相应数据的调用

## 4.4 作业思考

**一、讨论题**

1. 在 js 文件中,如何在一个方法中调用另一个方法?
2. 在 js 文件中,使用什么修改导航栏的标题?
3. 讨论 data 数组中变量 tmp 的作用。
4. 为什么可以使用 wx.navigateBack() 从 change 页面回到 myinfo 页面?
5. 为什么性别修改需要另外单独判断?
6. 引用配置文件中的变量,除了使用 const 外,还有什么方法?
7. 对于科学无国界但科学家有国界这个话题该怎么看?

**二、单选题**

1. 小程序使用以下(　　)方法获取临时文件信息。
   A. wx.getFileInfo()　　　　　　　　B. wx.getDownloadFileInfo()
   C. wx.getTempFileInfo()　　　　　　D. wx.getSavedFileInfo()

2. 已知 test.png 这张图片的尺寸是宽 300px、高 150px。
   在 wxml 页面代码中:

   ```
   < image src = '/image/test.png' mode = 'widthFix'></image>
   ```

   且在 wxss 中:

   ```
   image{
           width: 150px;
   }
   ```

   最终显示的图片尺寸是(　　)。
   A. 宽 150px、高 75px(宽高均被更改)
   B. 宽 300px、高 150px(原图尺寸)
   C. 宽 150px、高 150px(宽被更改)
   D. 宽 300px、高 225px(小程序官方默认图片尺寸)

3. 首次打开小程序时,app.js 中最先执行的方法是(　　)。
   A. onLaunch()　　　　　　　　B. onShow()
   C. onReady()　　　　　　　　D. onLoad()

4. 在使用打开文档函数时,以下(　　)不属于可以打开的文档类型。
   A. ppt　　　　B. exe　　　　C. pdf　　　　D. docx

5. 已知:

   ```
   var test = {
       x1 : [1, 2, 3, 4, 5],
       x2 : 'hello',
   ```

```
        x3 : {
            y1: false,
            y2: null,
        }
    }
```

以下（　　）可以在 Console 控制台输出 y1 的值。

  A．console.log(test.x3.y1)　　　　B．console.log(test[0].x3.y1)

  C．console.log(x3.y1)　　　　　　D．console.log(y1)

6．微信小程序从用户所注册的微信中获取的性别信息，以下（　　）说法是正确的。

  A．只能获取一段数组，1 对应"保密"，2 对应"男"，3 对应"女"

  B．只能获取一段数组，0 对应"保密"，1 对应"男"，2 对应"女"

  C．无返回值

  D．可以直接获取注册的性别信息

7．已知：

```
choseImage:function(){
this.openAlert()
},
openAlert:function(){
wx.showToast({
    title:'头像暂不支持修改',
    icon:'none'
})
}
```

在上述代码的基础上，调用 choseImage() 方法时产生的效果为（　　）。

  A．出现"头像暂不支持修改"的信息提示框

  B．出现 none 这个图片

  C．出现空白的信息提示框

  D．无法跳出提示框

8．已知：

```
var personInfo = [
    {username: 'zhangsan', password : '123', city : 'Wuhu'},
    {username: 'lisi', password: '456', city: 'Hefei'},
    {username: 'wangwu', password: '789', city: 'Xuancheng'}
]
```

以下（　　）可以在 Console 控制台输出 wangwu 所在的城市。

  A．console.log(personInfo.wangwu.city)

  B．console.log(personInfo['wangwu'].city)

  C．console.log(personInfo[3].city)

  D．console.log(personInfo[2].city)

9. 以下关于本章中 view 组件 placeholder 的作用,(　　)是正确的。
   A. 文本框中的提示信息　　　　　B. 图片中的提示信息
   C. 缓存中的保留值　　　　　　　D. 文本框中的上一次输入的数据
10. 绑定点击事件使用以下(　　)属性(快速点击)。
    A. bingtap　　　　　　　　　　B. bindtouchmove
    C. bindtouchstart　　　　　　　D. bindlongtap

# 第5章

# 豆豆云助教"课程"模块页面开发

## 数字中国对课程的影响(课程由纸质化走向数字化)

随着互联网、物联网等新技术飞速发展,万物互联化、数据泛在化的大趋势日益明显,数据信息的爆炸性增长态势日趋严峻,能否有效采集、管理、流通、分析、应用数据信息,不但成为驱动全球经济社会发展的关键环节,而且日益成为国家、地区、企业和个人的核心竞争力。

2015年12月,习近平总书记在第二届世界互联网大会开幕式上,首次正式提出推进"数字中国"建设的倡议。2017年10月18日,习近平总书记在中国共产党第十九次全国代表大会的报告中进一步提出"建设科技强国、质量强国、航天强国、网络强国、交通强国、数字中国、智慧社会",明确了建设数字中国的宏大构想。

数字中国对于课程的影响是全面而深远的,它不仅改变了课程内容和教学方式,还涉及课程管理和学生评估等方面。首先,数字中国的推动使得课程教学资源由纸质化转向数字化。教育机构可以创建在线学习平台、教学网站和教育应用程序,为教师和学生提供丰富的数字教材、课件、视频、模拟实验等教学资源。学生可以通过电子设备和互联网访问这些资源,实现随时随地地学习。

其次,数字中国为课程提供了数据分析和个性化教育的机会。学生在数字化学习过程中产生大量数据,这些数据可以被收集、分析和应用于个性化教育。通过数据分析技术,教师可以深入了解学生的学习情况和需求,根据学生的差异性提供个性化的教学方案和反馈。同时,数字中国的发展推动了远程教育和在线学习的普及。通过数字技术和互联网平台,学生可以在不受地域限制的情况下进行高质量的课程学习。远程教育和在线学习提供了更多的学习机会,使得学习更加灵活和便捷,同时也促进了终身学习的理念。

总体而言,数字中国对教育行业的影响是全方位的,它改变了教育的传统方式和范式,提供了更多的学习资源和工具,促进了教育的个性化和创新发展。本章我们也将顺应数字中国的风向,引入"线上课程"模块的开发,在之前开发的 tabBar 中除了"我的"页面以外,添加一栏"主页面",也就是本章开发的"课程"模块,主要包括"课程信息"和"课程练习"两个模块。为了屏蔽豆豆云后台相关内容,我们封装了一个实现向后台交互的接口,涉及"加入课程"的步骤,首先开发者需要向后台申请一门课程,得到课程号;然后对"课程信息"模块和"课程练习"模块页面的布局进行修改;最后实现"课程"模块页面逻辑部分,从而实现"课程"模块的功能。

观看视频

## 5.1 申请课程号

由于照搬了豆豆云的后台,涉及"加入课程"的概念,开发者需要向后台申请一个课程,得到课程号,申请链接如下:

> http://zjgsujiaoxue.applinzi.com/index.php/Api/User/createCourse? appid = 123&courseName = 1028 教学 &questionSet = 1012&creater = 大佬

其中,appid 代表开发者小程序的 appid;courseName 代表要创建的课程的名字,开发者可自定义;questionSet 代表预设的题目集(后续无法更改);creater 代表创建者。

例如:小程序 appid 是 123,创建的课程名字是"一起来学近代史",对应的题库是表 5-1 中的 1001,即 questionSet 是 1001,创建者是"工商大佬",那么开发者需要访问以下链接进行课程号的申请:

> http://zjgsujiaoxue.applinzi.com/index.php/Api/User/createCourse? appid = 123&courseName = 一起来学近代史 &questionSet = 1001&creater = 工商大佬

其中,对于 questionSet 的题目集,后台提供了 8 个题目集供开发者选择,具体详见表 5-1。

表 5-1 题目集信息

| 题目集 id | 题目集名称 | 题目数量 |
| --- | --- | --- |
| 1001 | 近代史题库 | 1287 |
| 1002 | 浙江工商大学新生入学考试题库 | 1276 |
| 1003 | 计算机网络题库 | 219 |
| 1008 | C 语言二级模拟考试题库 | 120 |
| 1009 | 毛概题库 | 1766 |
| 1010 | C 语言训练题 | 1395 |
| 1011 | 马克思主义基本原理概论 | 2059 |
| 1012 | 思修道德修养与法律基础 | 1561 |

注意:1004、1005、1006、1007 的题库已作废。

选择好需要申请的课程后,访问对应的课程申请链接,网页中会即刻返回课程号,如图 5-1 所示。

此时申请课程号所用的小程序 appid 与该课程号已经绑定了,课程号可保存下来。所有访问该小程序的用户默认加入该课程。另外,在 config.js 文件中加入变量 courseId,以便后面代码中的引用,如图 5-2 所示。

# 第5章 豆豆云助教"课程"模块页面开发

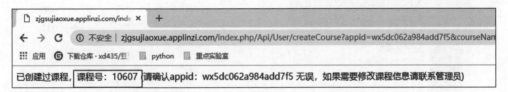

图 5-1 访问链接获取课程号

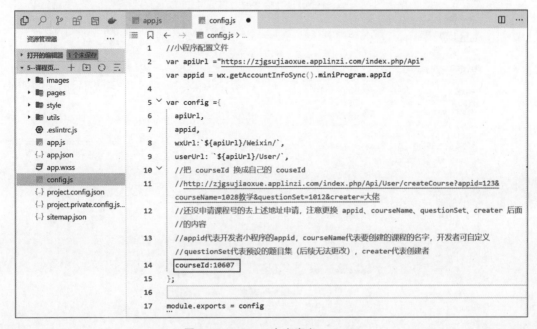

图 5-2 config.js 中宏定义 courseId

## 5.2 "课程"模块页面布局

本节所讲的"课程"模块的页面布局是豆豆云助教的简化版本,豆豆云助教的主页面如图 5-3 所示,本案例主页面主要包括"课程信息"模块和"课程练习"模块,如图 5-4 所示。相较于豆豆云助教的主页面,本案例不涉及切换课程,没有教师端,所以不需要"在线签到"模块与"加入课程"模块。

### 5.2.1 "课程信息"模块页面布局

观看视频

"课程信息"模块主要包括课程名称、课程创建者、加入课程的人数以及课程号,本案例课程名称为 C 游记,对应的是 C 语言题库。对于"课程信息"模块的页面布局,同样可以参考 WeUI 样式中表单→List→带图标、说明的列表项,如图 5-5 所示。

找到对应的 WeUI 样式后,将该样式的对应代码复制、粘贴到自己的项目代码中。带图标、说明的列表项具体代码如下:

图 5-3 豆豆云助教的主页面

图 5-4 案例主页面

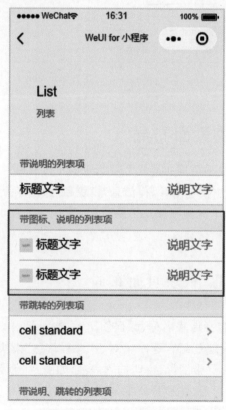

图 5-5 带图标、说明的列表项

```
< view class = "weui - cells weui - cells_after - title">
   < view class = "weui - cell weui - cell_example " aria - role = "option">
     < view class = "weui - cell__hd">
        < image src = "{{icon}}"></image>
     </view>
     < view class = "weui - cell__bd">标题文字</view>
     < view class = "weui - cell__ft">说明文字</view>
</view>
```

其中，image 组件中 src 属性对应的图片资源地址改为课程对应的图片，注意将课程图片放置在 images 文件夹下，图片资源地址为课程图片的绝对地址。例如，本案例图片存放在 images 文件夹下，图片名称为 course_head.png，那么图片资源路径为"/images/course_head.png"。

另外，还需要将对应 wxss 文件中的样式复制、粘贴到自己的代码项目中。具体代码如下：

```
.weui - cell__hd {
    font - size: 0
}

.weui - cell__hd image {
    margin - right: 16px;
    vertical - align: middle;
    width: 20px;
    height: 20px
}
```

由于图片太小，因此需要调整 wxss 中 width 和 height 的值至 80px。

"课程信息"模块主要包括课程名称、创建者、加入人数以及课程号，这些信息用标题文字的样式即可，无须使用说明文字样式。另外，通过设置字体大小与字体颜色使得课程名称更加吸引用户注意。"课程信息"模块布局如图 5-6 所示。

其中，"课程信息"模块 wxml 代码如下：

```
< view class = "weui - cells weui - cells_after - title">
   < view class = "weui - cell weui - cell_example " aria - role = "option">
     < view class = "weui - cell__hd" >
        < image src = "/images/course_head.png"></image>
     </view>
     < view class = "weui - cell__bd">
        < view style = 'font - size:20px'>课程名称</view>
        < view style = 'font - size:13px;color:#888888'>创建者：</view>
        < view style = 'font - size:13px;color:#888888'>加入人数：</view>
        < view style = 'font - size:13px;color:#888888'>课程号：</view>
     </view>
   </view>
</view>
```

在上述代码中涉及了一些新的知识点，本节对代码中涉及的知识点进行简单讲解。

## 1. class 和 style 的区别

```
<view class="weui-cell__hd" style="position:relative;margin-right:10px;">
```

上述 wxml 代码中可以发现,一个 view 属性中既有 class="weui-cell__hd",又有 style="position:relative;margin-right:10px;"。虽然两者都可以实现对页面的修改,但是还是存在区别的。

如在 myinfo 页面添加一个 button 做测试,该 button 的 wxml 代码如下:

```
<button class="test" style="color:blue">开始测试</button>
```

另外,在 myinfo.wxss 中添加 test 样式。test 样式中主要是与 style 一样定义了字体颜色,该样式代码如下:

```
.test{
    color:red;
}
```

该 button 在 style 中 color 属性值为蓝色,class 调用的 test 样式中 color 属性值为红色,无论如何修改 test 样式中 color 属性的值,按钮字体颜色都是蓝色,如图 5-7 所示。在 wxml 中,前端读取数据都是通过就近原则,所以 style 是直接在页面语句中进行编写的,在程序执行时,style > class。

图 5-6 "课程信息"模块布局     图 5-7 测试 button 的字体颜色

## 2. position 属性

position 属性规定元素的定位类型。这个属性定义建立元素布局所用的定位机制。任何元素都可以定位，不过绝对或固定元素会生成一个块级框，而不论该元素本身是什么类型。相对定位元素会相对于它在正常流中的默认位置偏移。position 属性的值详见表 5-2。

表 5-2　position 属性的值

| 值 | 描述 |
| --- | --- |
| absolute | 生成绝对定位的元素，相对于 static 定位以外的第一个父元素进行定位。元素的位置通过 left、top、right 以及 bottom 属性进行规定 |
| fixed | 生成绝对定位的元素，相对于浏览器窗口进行定位。元素的位置通过 left、top、right 以及 bottom 属性进行规定 |
| relative | 生成相对定位的元素，相对于其正常位置进行定位。例如，left：20 会向元素的 left 位置添加 20 像素 |
| static | 默认值。没有定位，元素出现在正常的流中（忽略 top、bottom、left、right 或者 z-index 声明） |
| sticky | 元素在跨越特定阈值前为相对定位，之后为固定定位 |
| inherit | 规定应该从父元素继承 position 属性的值 |

## 3. margin-right 属性

margin-right 属性设置元素的右外边距，允许使用负值。margin-right 属性的值详见表 5-3。

表 5-3　margin-right 属性的值

| 值 | 描述 |
| --- | --- |
| auto | 浏览器设置的右外边距 |
| length | 定义固定的右外边距。默认值是 0 |
| % | 定义基于父对象总高度的百分比右外边距 |
| inherit | 规定应该从父元素继承右外边距 |

修改"课程练习"模块 image 属性中 margin-right 的值为 10px 和 100px，页面效果如图 5-8 和图 5-9 所示。

## 4. display 属性

display 属性规定元素应该生成的框的类型。这个属性用于定义建立布局时元素生成的显示框类型。对于 HTML 等文档，如果使用 display 不谨慎会很危险，因为可能违反 HTML 中已经定义的显示层次结构。对于 XML 文档，由于 XML 没有内置的这种层次结构，因此 display 是绝对必要的。display 属性的值详见表 5-4。

图 5-8　margin-right 值：10px

图 5-9　margin-right 值：100px

表 5-4　display 属性的值

| 值 | 描　　述 |
| --- | --- |
| none | 此元素不会被显示 |
| block | 此元素将显示为块级元素,元素前后会带有换行符 |
| inline | 默认值。此元素会被显示为内联元素,元素前后没有换行符 |
| inline-block | 行内块元素(CSS 2.1 新增的值) |
| list-item | 此元素会作为列表显示 |
| run-in | 此元素会根据上下文作为块级元素或内联元素显示 |
| table | 此元素会作为块级表格来显示(类似< table >),表格前后带有换行符 |
| inline-table | 此元素会作为内联表格来显示(类似< table >),表格前后没有换行符 |
| table-row-group | 此元素会作为一个或多个行的分组来显示(类似< tbody >) |
| table-header-group | 此元素会作为一个或多个行的分组来显示(类似< thead >) |
| table-footer-group | 此元素会作为一个或多个行的分组来显示(类似< tfoot >) |
| table-row | 此元素会作为一个表格行显示(类似< tr >) |
| table-column-group | 此元素会作为一个或多个列的分组来显示(类似< colgroup >) |
| table-column | 此元素会作为一个单元格列显示(类似< col >) |
| table-cell | 此元素会作为一个表格单元格显示(类似< td >和< th >) |
| table-caption | 此元素会作为一个表格标题显示(类似< caption >) |
| inherit | 规定应该从父元素继承 display 属性的值 |

## 5.2.2 "课程练习"模块页面布局

"课程练习"模块主要包括顺序练习、章节练习、专项练习、收藏以及错题,相对于前面使用 WeUI 样式布局,"课程练习"模块要教给大家的是如何使用现有的开源代码,经过修改后开发出自己的小程序,这可以大大减轻开发者的工作量。

其中,"课程练习"模块的布局主要参考了 GitHub 上一个驾校考题的小程序前端代码,该项目下载地址为 https://github.com/HuBinAdd/calculate-swiperList。下载驾校考题源代码后,导入项目,可以看到该小程序的首页如图 5-10 所示。

找到驾校考题小程序首页对应的 index 页面,将驾校考题中对应的练习模块前端代码复制到自己的项目中,其中只保留专项练习与章节练习,随机练习与顺序练习就不需要了,编译后发现页面效果并不能正常显示,如图 5-11 所示。这是因为代码中涉及的样式不是 WeUI 样式,而是驾校考题小程序开发者自己写的样式,因此需要将 index.wxss 中的样式复制到自己项目的 index.wxss 中,但是发现"课程练习"模块还是有点问题,如图 5-12 所示。

图 5-10　驾校考题小程序的首页　　　图 5-11　"课程练习"模块页面异常显示

导致"课程练习"模块显示与驾校考题小程序主页面不一致的原因是该部分代码中涉及的样式 col-hg-6 和 col-hg-3 在 index.wxss 中没有,在驾校考题小程序的源代码中,该样式写在 app.wxss 中,将对应的 col-hg-6 和 col-hg-3 样式复制到 index.wxss 文件中,具体样

图 5-12 "课程练习"模块样式不全

式代码如下:

```
.col-hg-6 {
    width: 50%;
}
.col-hg-3 {
    width: 25%;
}
```

其中涉及了 float、box-sizing 和 width 三种属性。

**1. float 属性**

float 属性定义元素在哪个方向浮动。任何元素都可以浮动。浮动元素会生成一个块级框,而不论它本身是何种元素。如果浮动非替换元素,则要指定一个明确的宽度;否则,它们会尽可能地窄。float 属性可能的值详见表 5-5。

表 5-5 float 属性可能的值

| 值 | 描述 |
| --- | --- |
| left | 元素向左浮动 |
| right | 元素向右浮动 |
| none | 默认值。元素不浮动,并会显示在其在文本中出现的位置 |

续表

| 值 | 描述 |
|---|---|
| inline-start | 关键字,表明元素必须浮动在其所在块容器的开始一侧,在 ltr 脚本中是左侧,在 rtl 脚本中是右侧 |
| inline-end | 关键字,表明元素必须浮动在其所在块容器的结束一侧,在 ltr 脚本中是右侧,在 rtl 脚本中是左侧 |
| inherit | 规定应该从父元素继承 float 属性的值 |

**2. box-sizing 属性**

box-sizing 属性允许以特定的方式定义匹配某个区域的特定元素。例如,假如需要并排放置两个带边框的框,可通过将 box-sizing 设置为 border-box,使页面呈现出带有指定宽度和高度的框,并把边框和内边距放入框中。box-sizing 属性的值详见表 5-6。

表 5-6 box-sizing 属性的值

| 值 | 描述 |
|---|---|
| content-box | 宽度和高度分别应用到元素的内容框。在宽度和高度之外绘制元素的内边距和边框 |
| border-box | 为元素设定的宽度和高度决定了元素的边框盒。也就是说,为元素指定的任何内边距和边框都将在已设定的宽度和高度内进行绘制。通过从已设定的宽度和高度分别减去边框和内边距才能得到内容的宽度和高度 |
| inherit | 规定应从父元素继承 box-sizing 属性的值 |

**3. width 属性**

width 属性设置元素的宽度。这个属性定义元素内容区的宽度,在内容区外面可以增加内边距、边框和外边距。行内非替换元素会忽略这个属性。width 属性可能的值详见表 5-7。

表 5-7 width 属性可能的值

| 值 | 描述 |
|---|---|
| auto | 默认值。浏览器可计算出实际的宽度 |
| length | 使用 px、cm 等单位定义宽度 |
| % | 定义基于包含块(父元素)宽度的百分比宽度 |
| inherit | 规定应该从父元素继承 width 属性的值 |

添加 col-hg-6 和 col-hg-3 样式后,通过编译后发现专项练习与章节练习的布局只占了页面宽度的一半,使得"课程练习"模块布局不是很美观,如图 5-13 所示。这是由于专项练习和章节练习使用的是 col-hg-3 样式,该样式的 width 属性只有 25%,两个元素总共也就 50%,因此只占了页面宽度的一半。要让专项练习和章节练习撑满整个页面,就要将 col-hg-3 改为 col-hg-6。"课程练习"模块最终页面布局如图 5-14 所示。

另外,将模拟考试元素中"模拟考试"改为"顺序练习","最高成绩:分"改为"做题数:题"。最终"课程练习"模块 wxml 代码如下:

图 5-13　专项练习与章节练习布局异常　　　图 5-14　"课程练习"模块最终页面布局

```
<view class="index-exam-h1">
    课程练习
</view>
<view class="index-exam-inlets row">
    <view bindtap="tapInletsMk" data-urlParem='{{item.subject}}' class="index-exam-inlets-mk col-hg-6">
        <view>顺序练习</view>
        <view class="small">做题数：题</view>
    </view>
    <view bindtap="tapInletsSC" class="index-exam-inlets-sc col-hg-6" data-urlParem="{{item.subject}}" data-collection="{{item.collection}}">
        <view>收藏</view>
        <view>()</view>
    </view>
    <view bindtap="tapInletsCT" class="index-exam-inlets-ct col-hg-6" data-urlParem="{{item.subject}}" data-answerError="{{item.answerError}}">
        <view>答错</view>
        <view>()</view>
    </view>
    <view class="row" style="clear: both;">
        <navigator url="../../pages/answer_classify/classify?subject={{item.subject}}&type=zxlx" class="index-exam-inlets-list col-hg-6">
            <view class="icon-index-zx"></view>
            <view class="text">专项练习</view>
        </navigator>
        <navigator url="../../pages/answer_chapter/chapter?subject={{item.subject}}&type=zjlx" class="index-exam-inlets-list col-hg-6">
```

```
        <view class = "icon - index - zj"></view>
        <view class = "text">章节练习</view>
      </navigator>
    </view>
</view>
```

## 5.3 "课程"模块页面逻辑实现

与"课程"模块页面相关的逻辑主要包括请求加入课程与获取当前课程信息两个逻辑，由于照搬豆豆云助教的后台，因此会涉及请求加入课程的逻辑，并且需要添加获取课程信息的逻辑用于"课程信息"模块显示用户所加入课程对应的课程信息。

### 5.3.1 请求加入课程逻辑

观看视频

在 5.1 节中成功申请课程号后，每个开发者都创建了一个自己的课程，本节主要内容就是如何让用户加入开发者创建的课程中。请求加入课程主要是用户进入小程序即发生的请求，为减少请求次数，将该逻辑写在 app.js 中，通过 getAddedCourse 接口向后台发送请求以确认该用户是否已加入过任何课程。若是则返回该用户所加入课程的课程号；若否则返回值为空，接着判断返回值是否与 config.js 中的 courseId 相等，若不相等，则执行加入课程逻辑。具体代码如下：

```
wx.request({
    url: userUrl + 'getAddedCourse',
    data: {
        'openid': wx.getStorageSync('jiaoxue_OPENID'),
    },
    success: function(res) {
        if (res.data.msg!= courseId) {
            wx.request({
                url: userUrl + 'addCourse',
                data: {
                    openid: wx.getStorageSync('jiaoxue_OPENID'),
                    courseId: courseId
                },
                success: function(res) {
                    if (res.data.success) {
                        wx.setStorageSync('jiaoxue_courseList', courseId)
                    }
                },
                fail: function(res) {
                }
            })
        } else {
            wx.setStorageSync('jiaoxue_addedCourse', res.data.msg)
        }
    }
})
```

## 5.3.2 获取当前课程逻辑

成功加入课程后,用户首页则需要显示所加入课程的课程信息。获取当前课程主要通过 current 接口向后台发送请求,获取课程信息后显示在前端,其中 index.js 中的代码如下:

```
//index.js
//获取应用实例
const app = getApp()
const userUrl = require('../../config.js').userUrl
const courseId = require('../../config.js').courseId
Page({
  data: {
    current_course:{},
      },
  onLoad: function () {
    this.getCurrentCourse(courseId)
  },
  getCurrentCourse(course_id = ''){
    wx.request({
      url:userUrl + 'current',
      data:{
        current_course_id: course_id,
        openid: wx.getStorageSync('jiaoxue_OPENID'),
      },
      success: res =>{
        console.log('res1',res)
        this.setData({
          current_course: res.data.data
        })
      }
    })
  }
})
```

index.js 文件主要在 data 数组中定义了一个 current_course 数组,然后写了一个 getCurrentCourse() 函数。该函数主要实现了请求名为 current 的 API 请求,向后台发送 current_course_id 和 openid 的值,请求成功后,将 res.data.data 赋值给 current_course,使用 console.log('res1',res)打印 res 的值,即可在 Console 面板中看到后台返回的课程信息,如图 5-15 所示。

获取课程信息后,需要将课程信息显示在首页中,因此还需要对 index.wxml 中"课程信息"模块的代码进行简单修改,即将"课程名称"改为变量{{current_course['name']?current_course['name']:"未知"}},并在"创建者:""加入人数:""课程号:"后面分别加上变量{{current_course['teacher']['name']?current_course['teacher']['name']:"未知"}}、{{current_course['count']?current_course['count']:"未知"}}和{{current_course['id']?current_course['id']:"未知"}}。变量通过三目运算进行判断,当获取到当前课程信息时显示对应的课程信息,如图 5-16 所示,否则显示未知,如图 5-17 所示。

# 第5章 豆豆云助教"课程"模块页面开发

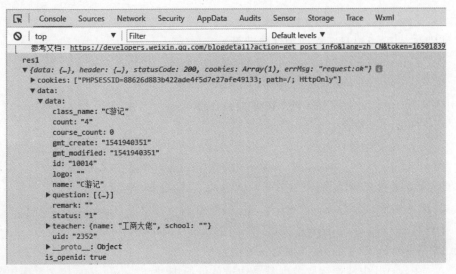

图 5-15　课程信息返回值

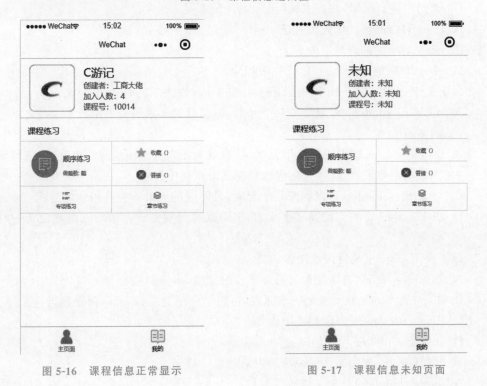

图 5-16　课程信息正常显示　　　　　图 5-17　课程信息未知页面

## 5.4 作业思考

**一、讨论题**

1. 如何在代码中宏定义课程号？
2. "课程信息"模块中 image 组件的 style 样式，如果使用 wxss 文件要怎么实现？

二、单选题

1. 以下（　　）可以显示按钮为红色背景。
   A. ＜button type＝'primary'＞按钮＜/button＞
   B. ＜button type＝'warn'＞按钮＜/button＞
   C. ＜button type＝'default'＞按钮＜/button＞
   D. ＜button＞按钮＜/button＞

2. ＜icon＞是图标组件，以下（　　）可以实现一个红色、40像素大小的搜索图标。
   A. ＜icon type＝"discover" size＝"40rpx" color＝"red"＞＜/icon＞
   B. ＜icon type＝"search" size＝"40" color＝"red"＞＜/icon＞
   C. ＜icon type＝"search" size＝"40rpx" color＝"red"＞＜/icon＞
   D. ＜icon type＝"discover" size＝"40" color＝"red"＞＜/icon＞

3. 以下关于class和style的说法正确的是（　　）。
   A. 在wxml中前端读取数据都是通过就近原则，所以style是直接在页面语句中的语句中进行编写，在程序执行时，style＞class
   B. class对应的样式优先级大于style
   C. class对应的样式响应先于style
   D. class对应的样式和style优先级相同

4. 以下关于display：none和visibility：hidden的说法正确的是（　　）。
   A. visibility：hidden可以隐藏某个元素，但隐藏的元素仍需占用与未隐藏之前一样的空间
   B. display：none可以隐藏某个元素，且隐藏的元素会占用空间。也就是说，该元素不但被隐藏了，而且该元素依然会在页面布局中存在
   C. visibility：hidden可以隐藏某个元素，且隐藏的元素不会占用任何空间
   D. display：none可以隐藏某个元素，但隐藏的元素仍需占用与未隐藏之前一样的空间

5. 以下关于display属性说法错误的是（　　）。
   A. display：inline内联元素只需要必要的宽度，不强制换行
   B. display：block块元素是一个元素，占用了全部宽度，在前后都是换行符
   C. display：none可以隐藏某个元素
   D. display：hidden可以隐藏某个元素

6. 以下关于wxss常用属性的说法错误的是（　　）。
   A. background-color用于修改背景色
   B. color用于修改前景色
   C. border：3px solid blue表示宽度为3像素的蓝色实线
   D. border：3px solid blue表示长度为3像素的蓝色实线

7. 以下关于wxss选择器的描述，错误的是（　　）。
   A. intro表示选择所有拥有class＝"intro"的组件
   B. ♯firstname表示选择拥有id＝"firstname"的组件

C. view,checkbox 表示选择所有文档的 view 组件和所有的 checkbox 组件

D. view 表示选择所有 view 组件的子组件

8. 以下关于内联样式说法错误的是(    )。

   A. 在 wxml 代码中,一个 view 组件可以同时使用两个在 wxss 中定义的样式

   B. style 又称为行内样式,可直接将样式代码写到组件的首标签中

   C. 小程序使用 class 属性指定样式规则,其属性值是由一个或多个自定义样式类名组成,多个样式类名之间用空格分隔

   D. 尽量将静态写入 style 中,这样可以加快渲染速度

9. 假设已有画布上下文 ctx,以下(    )可以更改画笔的填充颜色为红色。

   A. ctx.fill = 'red'                B. ctx.strokeStyle = 'red'

   C. ctx.stoke = 'red'               D. ctx.fillStyle = 'red'

10. 小程序使用 wx.showToast(OBJECT)显示消息提示框,其中 icon 参数的值为 none 表示(    )。

    A. 不显示图标                     B. 显示一个对勾的图标

    C. 显示一个加载动画图标            D. 显示一个打叉的图标

# 第6章

# 豆豆云助教"课程练习"模块开发

## 亚马逊创始人通过实践走向成功(实践得真知)

"纸上得来终觉浅,绝知此事要躬行。"理论上的知识是有所欠缺的,只有通过实践与练习,结合自己经验才能够不断地将其完善与升华。杰夫·贝索斯是亚马逊公司(以下简称亚马逊)的创始人和前首席执行官,在创立亚马逊之前,贝索斯曾在华尔街工作,并获得了金融领域的理论知识和经验。然而,他意识到互联网的潜力,并决定投身于电子商务领域。他在实践中构思和创造了亚马逊这个电子商务巨头。

贝索斯和他的团队亲自参与了亚马逊的运营和发展。他们不断实验和改进销售与物流模式,以提供更好的用户体验。贝索斯注重实际数据和用户反馈,通过分析用户行为和购买模式,不断优化产品展示、推荐系统和配送速度。

通过实践和实际运营,亚马逊逐渐发展成为全球最大的在线零售商之一,并扩展到云计算、电子书和其他领域。贝索斯的实践精神和对市场需求的理解帮助他实现了商业上的成功。

贝索斯通过实际操作和实践,深入了解用户需求和市场动态,从而不断改进和优化亚马逊的业务模式和产品。他的成功证明了理论知识只是一个起点,只有通过实践和不断调整,才能真正适应市场并取得成功。实践对于学习理论知识的必要性在许多领域都是显而易见的。无论是科学、技术、艺术还是其他领域,理论知识只是一种基础,而实践是将知识转化为实际能力和成果的关键。只有通过实践,我们才能发现理论的局限性,了解实际应用中的挑战,并在实践中修正和改进自己的理论。

因此,学习了理论知识后,持续的实践与练习是必不可少的。本章也将引入"课程练习"模块的开发,真正实现在线刷题的功能,以推动对理论知识的进一步强化和巩固。我们将借鉴驾校考题小程序中的练习模块,通过对各类练习模块的页面逻辑进行修改,完善练习功能模块,最终实现错题与收藏等功能的开发。

观看视频

## 6.1 引用驾校考题做题页面

第 5 章参考了驾校考题小程序中模拟考试、专项练习、章节练习、收藏和错题的页面布局,完成了"课程练习"模块页面开发。驾校考题小程序主要是学车时练习科目一与科目四的题库。该小程序主要分为科目一与科目四两部分,每个科目都具有模拟考试、章节练习、专项练习、顺序练习和随机练习的功能,用户可选择自己需要的练习方式刷题。另外,还有收藏题目与错题回顾的功能,帮助用户更有针对性地学习。

### 6.1.1 驾校考题各类练习页面

本节参考驾校考题小程序中专项练习、章节练习和顺序练习的功能,真正实现 doudouyun 项目中的对应的练习功能,其中"专项练习""章节练习""练习"页面分别如图 6-1、图 6-2 和图 6-3 所示。

图 6-1 "专项练习"页面　　　　　图 6-2 "章节练习"页面

在驾校考题项目中找到专项练习、章节练习和顺序练习所对应的 answer_classify、answer_chapter 和 answer_info 页面,其中 answer_info.wxml 文件中使用 import 引入了 answer_common 中 movie-list.wxml 的 template 模板,如图 6-4 所示。

另外,classify.js、chapter.js 和 info.js 文件中均引用了 public 文件夹中的 douban.js

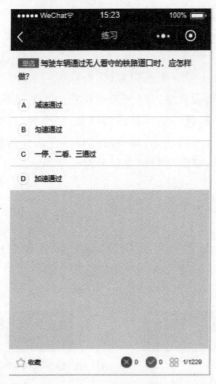

图 6-3 "练习"页面

```
info.wxml  ×
 1  <!--index.wxml-->
 2
 3  <import src="../answer_common/movie-list.wxml"/>
 4
 5
 6  <!-- 题目展示页面 -->
 7  <template name="movie-lists">
 8    <view class='swiper-lists' bindtouchend='touchEnd' bindtouchstart='setEvent'>
 9      <block wx:for="{{swiper.list}}" wx:for-item="itemList" wx:for-index="idx">
10        <view  wx:if="{{idx == 0}}" class='swiper-list prev' animation="{{swiper.animationO}}">
11          <template is="movie-list" data="{{idx,itemList,answers,layerlayer}}"/>
12        </view>
13        <view  wx:if="{{idx == 1}}" class='swiper-list' animation="{{swiper.animationT}}">
14          <template is="movie-list" data="{{idx,itemList,answers,layerlayer}}"/>
15        </view>
16        <view  wx:if="{{idx == 2}}" class='swiper-list next' animation="{{swiper.animationS}}">
17          <template is="movie-list" data="{{idx,itemList,answers,layerlayer}}"/>
18        </view>
19      </block>
20    </view>
21
```

图 6-4 movie-list.wxml 文件引用

和 object-assign.js 文件,引用所用的代码如下:

```
const https = require('../../public/js/douban.js');
if(!Object.assign) {
  Object.assign = require('../../public/core/object-assign.js')
}
```

## 6.1.2　wxml 文件引用

wxml 提供两种文件引用方式 import 和 include。其中，import 可以用来引用 template 模板，在开发中可以避免相同模板的重复编写，而 include 适合引入组件文件。

**1. import**

import 可以在文件中使用目标文件定义的 template，例如，在 item.wxml 中定义了一个名为 item 的 template，具体代码如下：

```
<!-- item.wxml -->
<template name = "item">
  <text>{{text}}</text>
</template>
```

在 index.wxml 中引用了 item.wxml，就可以使用 item 模板：

```
<import src = "item.wxml"/>
<template is = "item" data = "{{text: 'forbar'}}"/>
```

import 有作用域的概念，即只会引用目标文件中定义的 template，而不会引用目标文件引用的 template。

例如，C import B，B import A，在 C 中可以使用 B 定义的 template，在 B 中可以使用 A 定义的 template，但是 C 不能使用 A 定义的 template。

```
<!-- A.wxml -->
<template name = "A">
  <text> A template </text>
</template>

<!-- B.wxml -->
<import src = "a.wxml"/>
<template name = "B">
  <text> B template </text>
</template>

<!-- C.wxml -->
<import src = "b.wxml"/>
<template is = "A"/>
<!-- Error! Can not use template when not import A. -->
<template is = "B"/>
```

**2. include**

include 可以将目标文件除了 <template/><wxs/> 外的整个代码引入，相当于复制到 include 位置。例如：

```
<!-- index.wxml -->
<include src="header.wxml"/>
    <view> body </view>
  <include src="footer.wxml"/>

<!-- header.wxml -->
  <view> header </view>

<!-- footer.wxml -->
  <view> footer </view>
```

### 6.1.3 各类练习页面逻辑修改

各类练习页面逻辑修改主要包括页面引用、文件修改两部分。

**1. 页面引用**

单击编辑器中项目目录结构区右上角的"…"按钮,打开驾校考题的项目目录,打开 pages 文件夹,复制 pages 文件夹中的 answer_classify、answer_chapter、answer_info 和 answer_common 文件夹,打开 doudouyun 项目目录,在 pages 文件夹中新建 answer 文件夹,将复制的文件粘贴至 answer 文件中,另外将驾校考题中的 public 文件夹复制至 doudouyun 项目目录下,其中 public 与 pages 在同一级目录下。完成以上操作后,doudouyun 项目目录结构如图 6-5 所示。

在 pages 目录下添加 answer_classify、answer_chapter、answer_info 和 answer_common 4 个页面后,需要在 app.json 文件的 pages 属性中加上对应的所有页面路径。可以选择直接去驾校考题代码 app.json 文件中复制,但是复制后需要在每个页面路径加上一个 answer/,如图 6-6 所示。

**2. 文件修改**

文件修改主要包括新增的 3 个页面对应的 js 文件,以及 douban.js 文件的修改。其中,每个页面的 js 文件需要修改两处:一处是引入 douban.js 文件对应的相对路径的修改;另一处则是做题功能实现所需的 url 的修改。

1) 修改.js 文件的相对路径

由于 answer 目录下的所有页面相对于驾校考题项目中对应的页面多了一层 answer,因此在 chapter.js、classify.js 和 info.js 文件引用 douban.

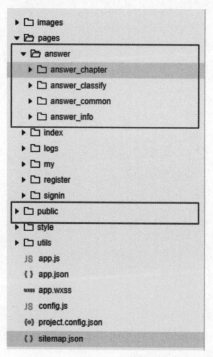

图 6-5 doudouyun 项目目录结构

js 和 object-assign.js 时，对应的相对路径需要多一个"../"，如图 6-7 所示。

图 6-6 app.json 中 pages 属性添加页面路径

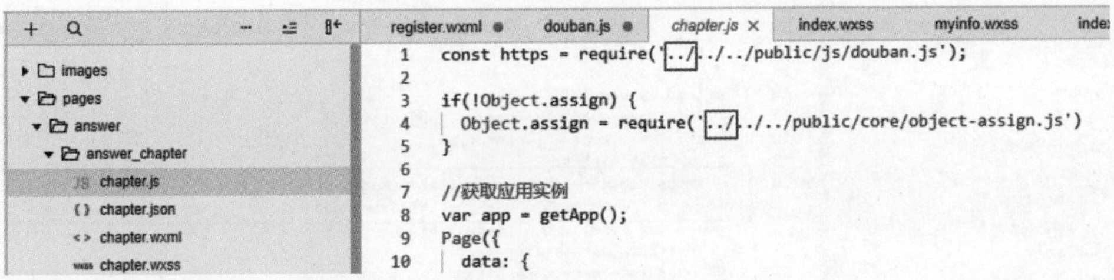

图 6-7 js 文件相对路径修改

**注意**：chapter.js、classify.js 和 info.js 文件都要修改。

2）修改 url

在第 5 章中申请了课程号，该课程号对应了一个题库，在 doudouyun 项目中需要修改各类练习页面 js 文件中与题库相关的 url。其中需要修改的 url 分别是：

章节 url：Gateway/route?method = pingshifen.question.chapter&course_id = 10014

专项 url：Gateway/route? method = pingshifen.question.special&course_id = 10014

收藏 url：Gateway/route? method = pingshifen.question.collect&course_id = 10014

提交答案 url：Gateway/route? method = pingshifen.question.submit&course_id = 10014

题号 url：Gateway/route? method = pingshifen.question.get_id_items&course_id = 10014

题目详情 url：Gateway/route? method = pingshifen.question.get_info&course_id = 10014

其中，course_id 对应的值可以直接赋值开发者所申请的课程号，也可以使用 wx.getStorageSync('jiaoxue_addedCourse') 从本地 Storage 获取存在本地的课程号，还可以使用 config.js 中宏定义 courseid，不过需要在对应的 js 文件使用 const 引入 config.js 文件中的 courseid。

**注意**：url 中不能有空格，不然访问时会报错。

其中，chapter.js、classify.js 和 info.js 文件中需要修改的 url 分别如图 6-8～图 6-10 所示。

图 6-8    chapter.js 中 url 的修改

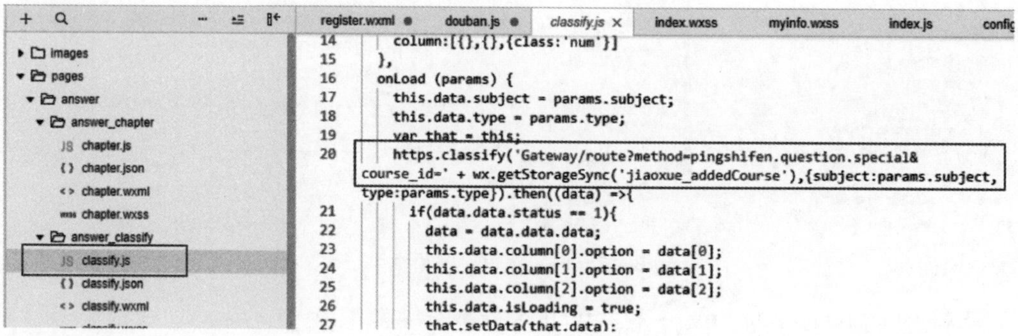

图 6-9    classify.js 中 url 的修改

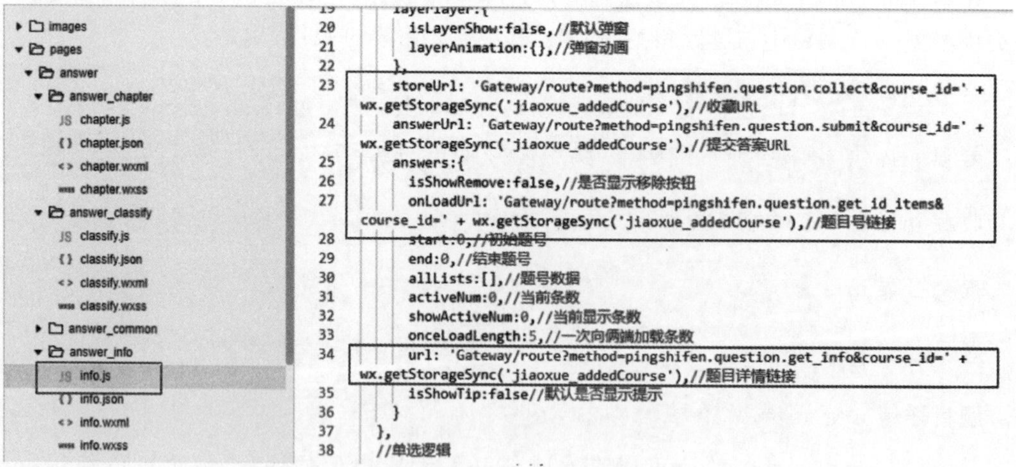

图 6-10    info.js 中 url 的修改

3）修改 douban.js 中的请求参数

将 douban.js 文件的 AJAX 主体函数中请求参数 openid 改为 course_id 和 openid，对应的值分别是 CONF.courseId 和 wx.getStorageSync('jiaoxue_OPENID')。另外，需要对 const 中的内容进行简单修改，如图 6-11 和图 6-12 所示。

```
const API_URL = require('../../config.js').apiUrl,
      Q = require('../core/Q.js'),
      CONF = require('../../config.js');
```

图 6-11　douban.js 中 const 的修改

```
//AJAX主体函数
function fetchApi (type, params,method) {
  var logs = wx.getStorageSync('1217_logs') || {};
  params = Object.assign({
    course_id:CONF.courseId,
    openid: wx.getStorageSync('jiaoxue_OPENID')
  },params);
  return Q.Promise(function(resolve, reject, notify) {
    wx.request({
      url: API_URL + '/' + type,
      data: params,
      header: { 'Content-Type': 'application/json' },
      method:method,
      success:resolve,
      fail: reject
    })
  })
}
```

图 6-12　douban.js 中请求参数的修改

## 6.2　完成练习功能模块

观看视频

引用驾校考题的做题页面后，除了需要修改 js 文件中部分的相对路径和访问后台的 url 外，还需要对页面跳转和页面样式进行一些修改。另外，本节将讲解操作过程中涉及的 data-* 属性相关知识。

### 6.2.1　小程序的 data-* 属性

在开始本节开发操作之前，先简单介绍一下涉及的 data-* 属性相关知识。data-* 属性主要配合事件一起使用，这里主要以 bindtap 事件为例。

先简单介绍一下事件对象。如无特殊说明，当组件触发事件时，逻辑层绑定该事件的处理函数并收到一个事件对象。其中，BaseEvent 基础事件对象属性详见表 6-1。

其中，type 代表事件的类型，timeStamp 为页面打开到触发事件所经过的毫秒数。target 为触发事件的源组件，其属性详见表 6-2。

表 6-1  BaseEvent 基础事件对象属性

| 属 性 | 类 型 | 说 明 |
|---|---|---|
| type | String | 事件类型 |
| timeStamp | Integer | 事件生成时的时间戳 |
| target | Object | 触发事件的组件的一些属性值集合 |
| currentTarget | Object | 当前组件的一些属性值集合 |
| mark | Object | 事件标记数据 |

表 6-2  target 属性

| 属 性 | 类 型 | 说 明 |
|---|---|---|
| id | String | 事件源组件的 id |
| dataset | Object | 事件源组件上由 data-开头的自定义属性组成的集合 |

currentTarget 为事件绑定的当前组件,其属性详见表 6-3。

表 6-3  currentTarget 属性

| 属 性 | 类 型 | 说 明 |
|---|---|---|
| id | String | 当前组件的 id |
| dataset | Object | 当前组件上由 data-开头的自定义属性组成的集合 |

dataset 是 data-开头的自定义属性组成的集合,在组件节点中可以附加一些自定义数据。这样,在事件中可以获取这些自定义的节点数据,用于事件的逻辑处理。

在 wxml 中,这些自定义数据以 data-开头,多个单词由连字符"-"连接。这种写法中,连字符写法会转换为驼峰写法,而大写字符会自动转换为小写字符。例如:data-element-type 最终会呈现为 event.currentTarget.dataset.elementType;data-elementType 最终会呈现为 event.currentTarget.dataset.elementtype。

代码示例:

```
< view data-alpha-beta = "1" data-alphaBeta = "2" bindtap = "bindViewTap"> DataSet Test </view>
Page({
    bindViewTap:function(event){
        event.currentTarget.dataset.alphaBeta === 1 //-会转换为驼峰写法
        event.currentTarget.dataset.alphabeta === 2 //大写会转换为小写
    }
})
```

### 6.2.2  实现页面跳转

单击"顺序练习"按钮,发现页面没有任何变化,也没有报错,单击"章节练习"和"专项练习"按钮,发现调试器的 Console 中报错,具体报错如图 6-13 所示。

从报错中可以看出,单击"章节练习"和"专项练习"按钮时,页面跳转失败,这是由于章节练习和专项练习的 navigator 组件中的 url 不对,导致页面跳转失败。将 url 分别改为../

图 6-13 页面跳转失败

answer/answer_classify/classify?subject={{item.subject}}&type=zxlx 和 ../answer/answer_chapter/chapter?subject={{item.subject}}&type=zjlx，即可实现正常跳转。

另外，单击"顺序练习"按钮没有反应，这是由于在 index.js 文件中没有添加顺序练习的 view 组件中对应的 bindtap 函数。

本节使用小程序中的 data-* 属性，使用一个 bindtap 事件触发函数同时实现顺序练习、章节练习和专项练习的页面跳转。其中，index.wxml 和 index.js 文件中的具体代码如下：

```
<view class = "index - exam - h1">
  课程练习
</view>
<view class = "index - exam - inlets row">
  <view bindtap = "exercise" data - type = 'sxlx' class = "index - exam - inlets - mk col - hg - 6">
    <view>顺序练习</view>
    <view class = "small">做题数：题</view>
  </view>
  <view bindtap = "tapInletsSC" class = "index - exam - inlets - sc col - hg - 6" data - urlParem = "{{item.subject}}" data - collection = "{{item.collection}}">
    <view>收藏</view>
    <view>()</view>
  </view>
  <view bindtap = "tapInletsCT" class = "index - exam - inlets - ct col - hg - 6" data - urlParem = "{{item.subject}}" data - answerError = "{{item.answerError}}">
    <view>答错</view>
    <view>()</view>
  </view>
  <view class = "row" style = "clear: both;">
    <view bindtap = "exercise" data - type = 'zxlx' class = "index - exam - inlets - list col - hg - 6">
      <view class = "icon - index - zx"></view>
      <view class = "text">专项练习</view>
    </view>
    <view bindtap = "exercise" data - type = 'zjlx' class = "index - exam - inlets - list col - hg - 6">
      <view class = "icon - index - zj"></view>
      <view class = "text">章节练习</view>
    </view>
  </view>
</view>
```

```
exercise(e) {
    console.log(e)
    let type = e.currentTarget.dataset.type
    var _url
    if (type == 'sxlx') {
      _url = "/pages/answer/answer_info/info?subject = &type = sxlx"
    } else if (type == 'zjlx') {
      _url = "/pages/answer/answer_chapter/chapter?subject = &type = zjlx"
    } else if (type == 'zxlx') {
      _url = "/pages/answer/answer_classify/classify?subject = &type = zxlx"
    }
    wx.navigateTo({
      url: _url,
    })
},
```

其中,index.wxml 文件中顺序练习、章节练习和专项练习对应的 bindtap 函数均为 exercise(),自定义属性组成的集合名称为 type,顺序练习的 data-type 值为 sxlx,章节练习的 data-type 值为 zjlx,专项练习的 data-type 值为 zxlx。

index.js 文件中的 exercise() 函数使用 console.log(e),打印当触发 exercise() 函数时参数 e 的值。例如,单击"顺序练习"按钮,调试器中打印出的内容如图 6-14 所示。

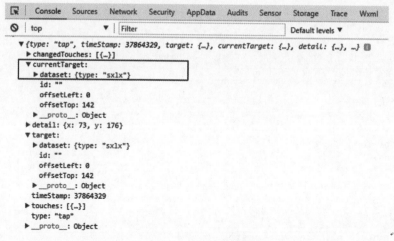

图 6-14 exercise()函数打印内容

因此,可以通过 e.currentTarget.dataset.type 的值来判断单击的是哪个练习的按钮。在 exercise() 函数中将 e.currentTarget.dataset.type 赋值给局部变量 type,并通过 if 语句判断 type 的值,给_url 赋值。不同的 type 值,页面跳转的 url 不同,并使用 wx.navigateTo() 实现页面跳转。

## 6.2.3 添加页面样式

完成练习页面跳转之后,发现单击"章节练习"和"专项练习"按钮时,跳转至"章节练习”和“专项练习”页面，如图 6-15 和图 6-16 所示。

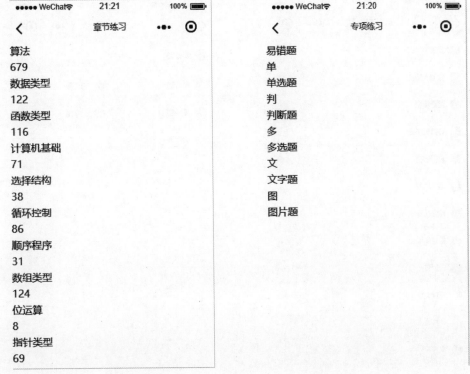

图 6-15　“章节练习”页面

图 6-16　“专项练习”页面

这是由于在驾校考题中章节练习和专项练习对应的样式写在 app. wxss 中，因此需要将驾校考题的 app. wxss 中的样式对应地复制到 doudouyun 项目的 app. wxss 中。其中，主要复制/ * CSS Document * /以下所有的样式代码，如图 6-17 所示。

```
app.wxss
/**app.wxss**/
page{
  font-family: Arial,"Microsoft Yahei","微软雅黑", sans-serif;
  font-size: 24rpx;
  background: #eee;
  color: #333;
}

/* CSS Document */

.row:after { visibility: hidden; display: block; font-size: 0; content: " "; clear: both;
height: 0; }

.row { display: inline-table; } /* Hides from IE-mac \*/

html .row { height: 1%; }

.row { display: block; } /* End hide from IE-mac */

.col-hg-1, .col-hg-2, .col-hg-3, .col-hg-4, .col-hg-5, .col-hg-6, .col-hg-7, .col-hg-8,
.col-hg-9, .col-hg-10, .col-hg-11, .col-hg-12 { float: left; box-sizing: border-box;}

.col-hg-12 { width: 100%; }

```

图 6-17　复制 app. wxss 中所需样式代码

添加页面样式后,"章节练习"和"专项练习"页面如图6-18和图6-19所示。

图6-18 添加样式后的"章节练习"页面 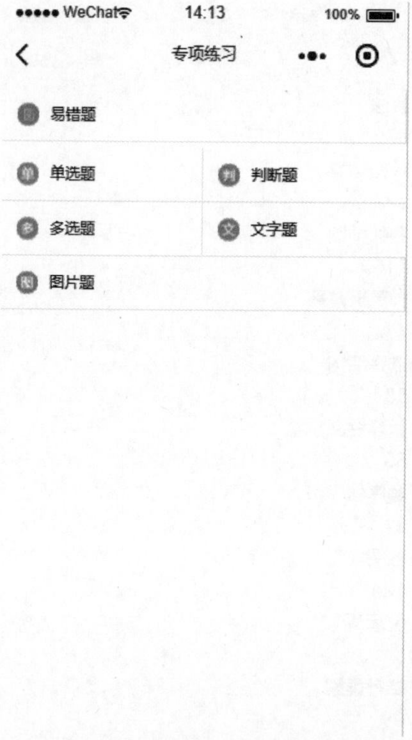　　图6-19 添加样式后的"专项练习"页面

进入"章节练习"页面后,单击章节练习中任意一个章节对应的按钮,例如单击"算法"按钮,发现调试器报错,如图6-20所示。单击专项练习中任意按钮也会报错,具体报错如图6-21所示。

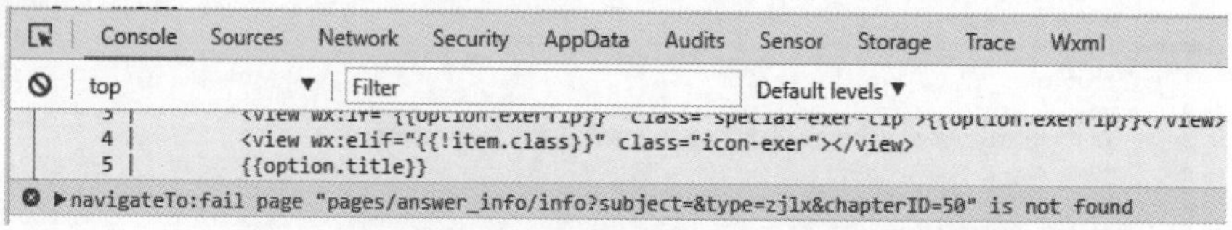

图6-20 "章节练习"页面跳转失败

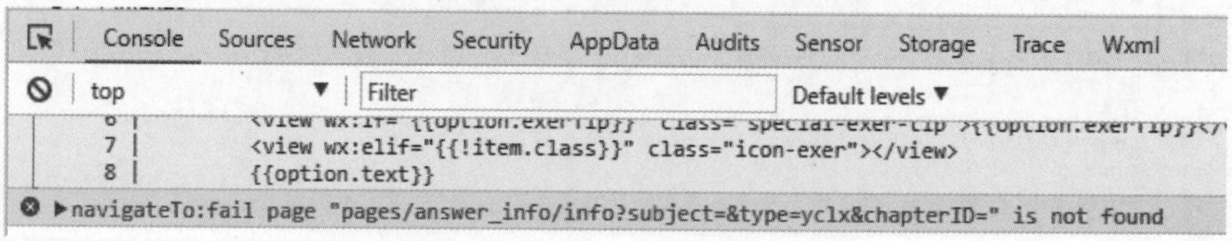

图6-21 "专项练习"页面跳转失败

从报错中可以看出,两个报错的问题均为路径不对导致的,需要修改 chapter.wxml 和 classify.wxml 中 navigator 组件的 url,给 url 对应的路径都加上一个 answer/,并修改成绝对路径,如图6-22所示。

```
classify.wxml    chapter.wxml  ×
1  <view wx:for="{{column}}" class="classify-exer-lists row {{item.class}} {{index == 0?'first':''}}">
2    <navigator wx:for="{{item.option}}" wx:for-index="idx" wx:for-item="option" url="/pages/answer/answer_info/info?subject={{subject}}&type={{type}}&chapterID={{option.id}}" class="classify-exer-list col-hg-12 {{!(idx%2-0)?'':'left'}}" hover-class="navigator-hover">
3      <view wx:if="{{option.exerTip}}" class="special-exer-tip">{{option.exerTip}}</view>
4      <view wx:elif="{{!item.class}}" class="icon-exer"></view>
5      {{option.title}}
6      <view wx:if="{{option.count}}" class="classify-exam-num">{{option.count}}<view class="icon-label-class"></view></view>
7    </navigator>
8  </view>
```

图 6-22　url 路径修改

修改 url 后即可跳转至满足章节或者专项练习要求的"练习"页面。单击"顺序练习"按钮也是跳转至"练习"页面,"练习"页面如图 6-23 所示。

图 6-23　"练习"页面

发现"练习"页面中选项的布局不是很美观,这是由于 info.wxml 所用的 movie-list.wxml 中的模板用到了 app.wxss 中定义的 container 全局样式,因此需要修改一下 container 样式,修改后代码如下：

```
.container {
    height: 100%;
    display: block;
    flex-direction: column;
    align-items: center;
    justify-content: space-between;
    box-sizing: border-box;
}
```

上述代码主要将 display 属性值改为 block,并删除 padding 属性。另外,也可以选择直接注释 container 样式。修改样式后的"练习"页面如图 6-24 所示。

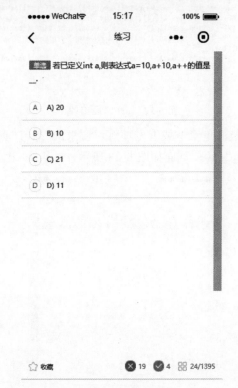

图 6-24　修改样式后的"练习"页面

观看视频

## 6.2.4　显示做题数量

在第 5 章中,将顺序练习下面的文字改为了"做题数:题",但是并没有实现做题数量的显示。本节主要内容就是实现做题数量的显示。

首先在 index.js 文件的 data{}中添加一个变量 ques_count,初始值为 0,然后在 index.wxml 文件中,将"做题数:题"改为"做题数:{{ques_count}}题",ques_count 变量就是做题数,通过 getDoneQuesCount 接口向后台发送请求,获取做题数量。

其中,该接口请求需要在 onShow()函数中,而不是 onLoad()函数中,由于需要每次做完练习后回到首页就可以看到自己的做题数,onShow()函数在每次页面显示时执行一次,而 onLoad()函数只会在页面一开始加载时执行一次,无法做到做题数的实时更新。index.js 文件中 onShow()函数的具体代码如下:

```
onShow: function() {
    var that = this
    wx.request({
        url: userUrl + 'getDoneQuesCount',
```

```
    data: {
      openid: wx.getStorageSync('jiaoxue_OPENID'),
      courseId: courseId
    },
    success: function(res) {
      console.log(res)
      that.setData({
        ques_count: res.data.msg
      })
    }
  })
},
```

## 6.3 实现错题与收藏功能

观看视频

在"课程练习"模块中,除了顺序练习、章节练习和专项练习外,还包括错题与收藏功能。要实现错题与收藏功能主要包括两方面内容:一是在首页实现错题数与收藏数的显示;二是实现"错题"与"收藏"页面的跳转。

观看视频

### 6.3.1 显示错题数与收藏数

在 5.3.2 节中,current 接口向后台发送请求时,请求成功的返回值中除了课程信息外,其实还包括了错题数与收藏数。在 index.js 文件的 onLoad()函数中添加 console.log('current',this.data),用于打印 data 数组的值,打印结果如图 6-25 所示。

图 6-25 index 页面 data 数组打印结果

从打印结果可以看出,answerError 与 collection 的值即为错题数与收藏数,要将错题数与收藏数显示在页面中,就需要在 index.wxml 错题后面的 view 组件中加入错题数对应的变量{{current_course.question[0].answerError }}，收藏数也一样，如图 6-26 所示。

```
index.wxml  ×
32
33    <view class="index-exam-h1">
34        课程练习
35    </view>
36    <view class="index-exam-inlets row">
37        <view bindtap="exercise" data-type='sxlx' class="index-exam-inlets-mk col-hg-6">
38            <view>顺序练习</view>
39            <view class="small">做题数:{{ques_count}} 题</view>
40        </view>
41        <view bindtap="tapInletsSC" class="index-exam-inlets-sc col-hg-6" data-urlParem="{
{item.subject}}" data-collection="{{item.collection}}">
42            <view>收藏</view>
43            <view>({{current_course.question[0].collection}}) </view>
44        </view>
45        <view bindtap="tapInletsCT" class="index-exam-inlets-ct col-hg-6" data-urlParem="{
{item.subject}}" data-answerError="{{item.answerError}}">
46            <view>答错</view>
47            <view>({{current_course.question[0].answerError}}) </view>
48        </view>
49        <view class="row" style="clear: both;">
```

图 6-26　在 index.wxml 中添加收藏数与错题数变量

单击微信开发者工具中的"编译"按钮，模拟器中首页能够看到错题数与收藏数，如图 6-27 所示。

图 6-27　首页显示错题数与收藏数

## 6.3.2 "错题"与"收藏"页面跳转

单击"错题"或"收藏"按钮,发现没有反应,这是由于在 index.js 文件中没有错题与收藏对应的 bindtap 函数。将 index.wxml 中错题与收藏对应的 bindtap 改为 bindUrlToWrong 和 bindUrlToStore,index.js 文件中对应的函数代码具体如下:

```
bindUrlToStore: function(f) {
  var collection = f.currentTarget.dataset.collection
  if (!!collection) {
    wx.navigateTo({
      url: '/pages/answer/answer_info/info?subject = subject&type = wdsc',
    })
  } else {
    wx.showModal({
      title: '提示',
      content: '未发现您的收藏',
      showCancel: false,
      confirmText: '知道了',
      success: function(res) {

      }
    })
  }
},


bindUrlToWrong: function(f) {
  var answerError = f.currentTarget.dataset.answererror
  if (!!answerError) {
    wx.navigateTo({
      url: '/pages/answer/answer_info/info?subject = subject&type = wdct',
    })
  } else {
    wx.showModal({
      title: '提示',
      content: '恭喜您,暂无错题',
      showCancel: false,
      confirmText: '知道了',
      confirmColor: '#00bcd5',
      success: function(res) {

      }
    })
  }
},
```

除了修改 bindtap 函数名称外,错题与收藏部分还用到了 data-* 属性,收藏对应的 view 组件中为 data-collection,错题对应的 view 组件中为 data-answerError,如图 6-28 所示。

以收藏的 bindUrlToStore 事件触发函数为例,函数中首先定义了 collection 变量,并为 collection 赋值 f.currentTarget.dataset.collection。其中,collection 变量用于判断,如果

```
32
33      <view class="index-exam-h1">
34          课程练习
35      </view>
36      <view class="index-exam-inlets row">
37          <view bindtap="exercise" data-type='sxlx' class="index-exam-inlets-mk col-hg-6">
38              <view>顺序练习</view>
39              <view class="small">做题数:{{ques_count}} 题</view>
40          </view>
41          <view bindtap="bindUrlToStore" class="index-exam-inlets-sc col-hg-6" data-collection= "{{current_course.question[0].collection}}">
42              <view>收藏</view>
43              <view>({{current_course.question[0].collection}}) </view>
44          </view>
45          <view bindtap="bindUrlToWrong" class="index-exam-inlets-ct col-hg-6" data-answerError="{{current_course.question[0].answerError}}">
46              <view>答错</view>
47              <view>({{current_course.question[0].answerError}}) </view>
48          </view>
```

图 6-28　错题与收藏的 data-*属性

collection 不为零,则跳转至 url 为/pages/answer/answer_info/info?subject=&type=wdsc 的"练习"页面,其中 subject 需要作为页面跳转的一个参数,如果没有的话会报错。这是由于驾校考题项目中有科目一与科目四两个科目,因此驾校考题的代码逻辑中是有 subject 的,如果要全部改的话会比较麻烦,在跳转时直接带参数 subject 进行跳转即可解决报错。

错题对应的事件触发函数的整体逻辑与收藏相同。另外,错题还存在一个小 bug,单击"错题"按钮时弹窗如图 6-29 所示。

图 6-29　单击"错题"按钮时的弹窗

解决方法如下，即在 douban.js 中加一段代码，如图 6-30 所示。

```
103    list.data = [];
104    list.error = 0;
105    list.success = 0;
106    //解决错误回顾bug
107    var tmp = [];
108    if (typeof data.data == 'object') {
109      for (var key in data.data) {
110        tmp.push(data.data[key]);//往数组中放属性
111      }
112      data.data = tmp;
113    }
114    data.data.forEach(function(v,i){
115      var a = {};
116      a.id =  v.question_id;//题目id
117      a.isAnswer =  0; //题目状态 0:未做, 1: 正确, 2: 错误
118
119      if(control.isShowNewExam){//判断是否显示后台答案统计
120        a.isAnswer =  v.answer || 0; //题目状态 0:未做, 1: 正确, 2: 错误
121        if(!!a.isAnswer){//初始位置
122          list.activeNum = i+1;
123        }
```

图 6-30　错题回顾 bug 解决方案

解决问题后，单击"错题"按钮，跳转至如图 6-31 所示的页面。

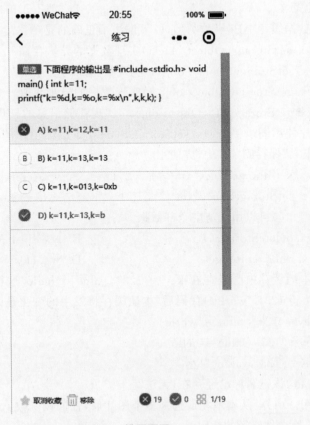

图 6-31　错题页面

## 6.4 作业思考

**一、讨论题**

1. 讨论对驾校考题几个页面的理解。
2. view 组件中 data 属性如何实现向 JS 传值?
3. 什么情况下赋值不能使用 this.setData,要使用 that.setData?
4. if(collection)、if(collection==true)、if(!!collection)有什么区别?
5. 为什么 data 属性中定义的 urlParam,js 中使用 urlParam 无法获取数值?
6. 世界互联网大会搭建了全球互联网共商共建共享平台,推动了国际社会顺应信息时代数字化、网络化、智能化趋势,根据世界互联网大会谈谈自己对互联网发展的看法。

**二、单选题**

1. 以下( )不属于小程序的容器组件。
   A. <cover-view>　　　　　　　B. <text>
   C. <scroll-view>　　　　　　　D. <view>

2. 在数据 API 中,wx.getStorageSync 的后缀 Sync 代表( )。
   A. 同步的　　　　　　　　　　B. 异步的
   C. 无意义　　　　　　　　　　D. 都不正确

3. 关于数据缓存 API 函数类型,以下说法不正确的是( )。
   A. wx.setStorage(Object object)实现数据的异步存储
   B. wx.setStorage(Object object)实现数据的同步存储
   C. wx.getStorage(Object object)实现数据的异步获取
   D. wx.getStorageInfo(Object object)实现存储信息的异步获取

4. 小程序使用同步接口 wx.setStorageSync()将 data 值存储在本地缓存中指定的 key 中,如果将"张三"保存到 xm 中,应使用( )。
   A. wx.setStorageSync('xm','张三',1)　　B. wx.setStorageSync('张三','xm',1)
   C. wx.setStorageSync('xm','张三')　　　D. wx.setStorageSync('张三','xm')

5. 以下( )可以用于清空全部数据。
   A. wx.deleteStorage()　　　　　B. wx.flushStorage()
   C. wx.removeStorage()　　　　 D. wx.clearStorage()

6. 已知本地缓存中已经存在 key='123',value='hello'这样一条数据,在执行 wx.setStorageSync('123','world')代码后,本地缓存将发生的变化是( )。
   A. key='123',value='world'
   B. key='123',value='hello'
   C. key='123',value=' '
   D. 报错,该键名称已经存在,无法写入

7. 在使用 (1) 从本地相册选择多个图片后,在回调函数 success()返回参数 res 中,得到第 2 个图片文件路径的代码是 (2) 。

A. (1)wx.navigateTo(Object)(2) res.tempFilePaths[1]

B. (1)wx.chooseImage(Object)(2) res.tempFilePaths[2]

C. (1)wx.navigateTo(Object)(2) res.tempFilePaths[2]

D. (1)wx.chooseImage(Object)(2) res.tempFilePaths[1]

8. 下列对于 text 属性描述错误的是（　　）。

A. selectable 用于控制文本是否可选

B. space 可以显示连续空格

C. decode 可以控制是否解码

D. ensp 可以根据字体设置空格的大小

9. wxml 中 getBlur 和 getInput 的区别是（　　）。

A. getBlur 最大字符长度限制为 10

B. getInput 最大字符长度限制为 10

C. 使用 getBlur 当文本失去焦点，就会触发 js 函数，使用 getInput 当变量修改时才触发函数

D. getInput 可以禁止输入框输入文字

10. 以下关于容器属性 flex-direction 的说法错误的是（　　）。

A. row：默认值，主轴在水平方向上从左到右

B. row-reverse：主轴是 row 的反方向，项目按照主轴方向从右到左排列

C. column：主轴在垂直方向上从上而下，项目按照主轴方向从上往下排列

D. column-reverse：主轴是 column 的反方向，项目按照从左到右排列

# 第7章

# 豆豆云助教"签到测距"模块开发

## 胡伟武研制芯片(工匠精神)

　　工匠精神是一种追求极致的精神,不仅专业而且专注。工匠精神的精髓则是用心活、用心干、用心经营、用心诠释人生。把这种精神诠释在软件开发行业,从中国走向世界传奇人物可谓数不胜数。胡伟武,龙芯中科技术股份有限公司董事长,中国科学院计算技术研究所研究员、博士生导师。在他的带领下,"龙芯1号"研发成功,这是中国第一枚拥有自主知识产权的通用高性能微处理芯片,而后又主持研制了"龙芯"系列芯片,实现了我国CPU关键核心技术的突破。

　　1998年4月,胡伟武的导师夏培肃联合金怡濂院士、周毓麟院士召开香山科学会议,研讨我国高性能计算机怎么发展,胡伟武作为会议秘书参会。会议的第三天,大家就开始讨论CPU的自主研发。1999年,时任中科院计算所所长的李国杰开始呼吁,在"十五"期间做中国自主的CPU。2002年8月10日凌晨6时08分,login提示符出现在屏幕上,整个实验室一片欢呼,这个提示符意味着安装了"龙芯1号"CPU的计算机成功启动工作。虽然这款CPU的性能与国外CPU的性能仍存在较大差距,但中国人只能依靠进口CPU制造计算机的历史终结了。

　　2010年,胡伟武决定创办企业。他在继续深入研发的同时,让龙芯走向产业化。之后经历了资金短缺、人才流失、产品性能跟不上等各项问题和挑战,但他的团队始终没有放弃,不断克服,直至2015年,龙芯销售额过亿元,龙芯系列产品被应用在交通、党政、能源、电力、石油等领域,龙芯中科终于实现了盈亏平衡。他将做CPU比喻成养孩子,"有的产品像养猪一样,一年就能出栏。有些产品像养牛,养三年就能下地干活。但有些产品像养孩子,得养个三十年,才有出息。这就是养孩子的耐性,做CPU就像养孩子一样。"也正是因为他们多年来的不断坚持,如今,国产的CPU性能已经逼近市场主流的CPU产品了。目前,龙芯致力于提高性价比,在实现自主性的同时接受开放性市场的考验。

　　胡伟武及其团队的不懈努力彰显了工匠精神的新时代价值,体现了大国工匠的责任与担当。学习也是如此，我们在学习软件开发时也应当有工匠精神那样的纯粹与专注，持之以恒精益求精才能学到真本领。本章主要内容是完成"签到测距"模块的开发，"签到测距"模块是豆豆云助教中"签到"模块的功能简化版，豆豆云助教的签到功能分为教师端和学生端，教师在教师端发布签到，学生在学生端进行签到。本章案例仅模拟"签到测距"功能模块，实现签到功能中涉及的部分逻辑功能。在开发过程中，我们将首先在 tabBar 上添加"签到"按钮，当跳转至"签到测距"页面时完成签测页面的布局，并调用微信接口自带的选择位置的 API 与获取当前位置的 API 实现测距功能。

## 7.1 "签到测距"页面布局

观看视频

本节主要分两部分完成"签到测距"页面布局，首先在 app.json 文件的 tabBar 属性中增加一个 list，使得"签到测距"页面也作为 tabBar 中的一栏，然后根据"签到测距"模块的需求，从 WeUI 样式库中找到所需样式完成"签到测距"页面的基本布局。

### 7.1.1 添加签到 tabBar

右击 pages 目录，选择"新建文件夹"选项，并将其命名为 signin，右击 signin 目录，选择"新建 Page"选项，并将其命名为 signin，完成"签到测距"页面的新建。

"签到测距"页面作为 tabBar 中的一个页面，需要在 icon 网站下载两个图片作为"签到测距"页面的 icon 与 selectedIcon，将下载的图片存放在 doudouyun 项目的 images 文件夹下。app.json 文件中 tabBar 属性的代码如下：

```
"tabBar": {
  "list": [
    {
      "pagePath": "pages/index/index",
      "text": "主页面",
      "iconPath": "images/tab_account1.png",
      "selectedIconPath": "images/tab_account2.png"
    },
    {
      "pagePath": "pages/signin/signin",
      "text": "签到",
      "iconPath": "images/signin2.png",
      "selectedIconPath": "images/signin1.png"
    },
    {
      "pagePath": "pages/my/myinfo",
      "text": "我的",
      "iconPath": "images/tab_course1.png",
      "selectedIconPath": "images/tab_course2.png"
    }
  ]
},
```

其中，pages/signin/signin 为"签到测距"页面的页面路径，images/signin2.png 和 images/signin1.png 分别为"签到测距"页面的图片路径和被选中时的图片路径。

### 7.1.2 "签到测距"页面基本布局

"签到测距"页面主要包括 4 部分，分别是选择位置、获取当前位置、"测距"按钮和所测得的距离，如图 7-1 所示。

图 7-1 "签到测距"页面基本布局

其中，选择位置用于选择一个目标位置；获取当前位置则用于获取用户所在位置；单击"测距"按钮，测量目标位置与用户所在位置的距离，并将测量的距离显示在初始值为 hello world 的 view 组件中。

**1. 选择位置与获取当前位置**

在 WeUI 样式库的表单→list 中找到带说明、带跳转的列表项，将该列表项的 wxml 代码复制到 signin.wxml 文件中，修改代码中对应的文字，并将代码中原本的 navigator 组件改为 view 组件，删除组件中的 url 属性。修改后的代码如下：

```
<view class="weui-cells weui-cells_after-title">
  <view class="weui-cell weui-cell_access" hover-class="weui-cell_active">
    <view class="weui-cell__bd">选择位置</view>
```

```
    <view class="weui-cell__ft weui-cell__ft_in-access">()</view>
  </view>
  <view class="weui-cell weui-cell_access" hover-class="weui-cell_active">
    <view class="weui-cell__bd">获取当前位置</view>
    <view class="weui-cell__ft weui-cell__ft_in-access">()</view>
  </view>
</view>
```

**2. "测距"按钮**

在 WeUI 样式的表单→button 中找到"页面主操作 Normal"按钮,并将对应 button 的 wxml 代码复制到 signin.wxml 中,将"页面主操作 Normal"改为"测距"。

```
<button class="weui-btn" type="primary">测距</button>
```

添加"测距"按钮后,编译发现"测距"按钮与上面选项框紧贴着,没有空隙,页面不是很美观,如图 7-2 所示。

在 signin.wxss 中添加"测距"按钮 button 组件中对应的 weui-btn 样式,显示效果如图 7-3 所示。样式代码具体如下:

```
.weui-btn {
  margin-top: 20px;
}
```

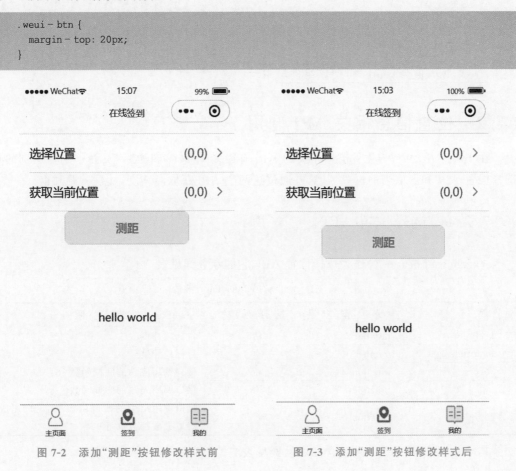

图 7-2　添加"测距"按钮修改样式前　　　图 7-3　添加"测距"按钮修改样式后

### 3. 测距结果

为了显示测距所测出的距离，在 signin.wxml 中添加一个 view 组件，用于显示变量 {{motto}}，在 signin.js 文件的 data 数组中添加变量 motto，初始值为 hello world。添加的代码具体如下。

signin.wxml 代码：

```
<view class = "motto">{{motto}}</view>
```

signin.wxss 代码：

```
.motto{
  margin-top: 150px;
  text-align: center
}
```

signin.js 代码：

```
data: {
  motto:'hello world',
},
```

其中，在 motto 样式中，margin-top 属性用于控制该组件与上一个 button 组件之间的距离，text-align 值为 center 可使该组件居中。

## 7.2 位置信息相关 API 调用

在小程序开发中，与位置信息相关的 API 有很多。在"签到测距"页面中主要用到的是选择位置 API 和获取当前位置 API，并通过这两个 API 获取经纬度，实现测距功能。

观看视频

### 7.2.1 选择位置 API

wx.chooseLocation()作为选择位置 API，它的参数详见表 7-1。

表 7-1  wx.chooseLocation()参数

| 属 性 | 类 型 | 是否必填 | 说 明 |
| --- | --- | --- | --- |
| latitude | number | 否 | 目标地纬度 |
| longitude | number | 否 | 目标地经度 |
| success | function | 否 | 接口调用成功的回调函数 |
| fail | function | 否 | 接口调用失败的回调函数 |
| complete | function | 否 | 接口调用结束的回调函数（无论调用成功或失败都会执行） |

其中，成功回调函数中所包含的属性详见表 7-2。

表 7-2　成功回调函数属性

| 属　性 | 类　型 | 说　明 |
| --- | --- | --- |
| name | string | 位置名称 |
| address | string | 详细地址 |
| latitude | string | 纬度,浮点数,范围为−90~90,负数表示南纬。默认使用gcj02坐标系 |
| longitude | string | 经度,浮点数,范围为−180~180,负数表示西经。默认使用gcj02坐标系 |

首先,在 signin.wxml 文件选择位置所在列表项的 view 组件中添加 bindtap 函数 chooseLocation(),并在 signin.js 文件的 data 数组中添加一个 choosen 数组,其中 choosen 数组中有 latitude 和 longitude 两个变量,变量初始值为0。

然后,在 signin.wxml 文件选择位置所在列表项说明文字所在 view 组件中,将"()"改为"({{choosen.longitude}},{{choosen.latitude}})"。这样选择位置对应的经纬度坐标初始值为(0,0)。

最后,在 signin.js 文件中添加 chooseLocation()函数,并绑定到选择位置的组件上,使用 wx.chooseLocation 获取所选目标位置的经纬度,并赋值给 choosen 数组的 longitude 和 latitude。chooseLocation()函数的代码具体如下:

```
chooseLocation: function(){
  wx.chooseLocation({
    success: (res) = > {
      this.setData({
        choosen: res,
      })
    },
  })
},
```

在 wx.chooseLocation()中使用 console.log(res)打印成功回调函数的返回值,可以看到返回值中包括如图7-4所示的信息。

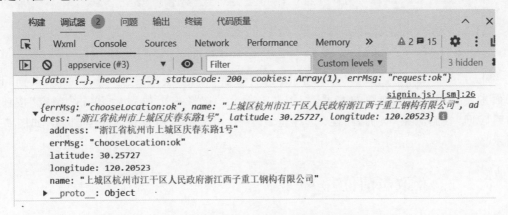

图 7-4　wx.chooseLocation()成功返回值

对 chooseLocation()函数进行简单修改,也可以实现调用选择位置 API,并获取目标位置的经纬度,修改后的代码如图 7-5 所示。与前一种写法的主要区别是 success()函数中使用的是 function,导致使用 setData 赋值时,不能使用 this.setData,否则会出现如图 7-6 所示的报错。这是由于作用域问题导致的,success()回调函数的作用域已经脱离了调用函数,需要在回调函数之外把 this 赋给一个新的变量,图 7-5 中将 this 赋给了 that。

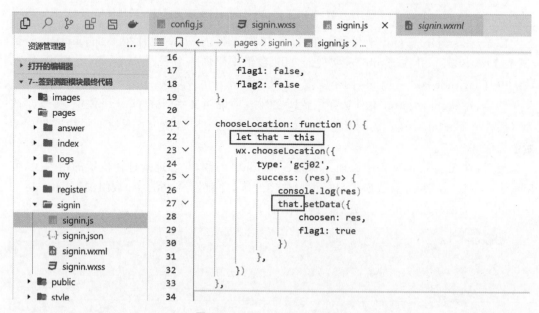

图 7-5　chooseLocation()函数

图 7-6　使用 this.setData 报错

chooseLocation()函数写完后,单击"选择位置"按钮,会跳转至"选择位置"页面,该页面主要调用了腾讯地图的数据,如图 7-7 所示。选择一个位置后,单击"确定"按钮,即跳转回"签到测距"页面,可见"选择位置"一栏中显示了所选位置的经纬度,如图 7-8 所示。

### 7.2.2　获取当前位置 API

wx.getLocation()作为获取当前位置 API,它的属性详见表 7-3。

# 第 7 章 豆豆云助教"签到测距"模块开发

图 7-7 "选择位置"页面

图 7-8 所选位置经纬度显示

表 7-3 wx.getLocation()属性

| 属　　性 | 类型 | 默认值 | 是否必填 | 说　　明 |
|---|---|---|---|---|
| type | string | wgs84 | 否 | wgs84 返回 GPS 坐标,gcj02 返回可用于 wx.openLocation()的坐标 |
| altitude | string | false | 否 | 传入 true 会返回高度信息,由于获取高度需要较高精确度,因此会减慢接口返回速度 |
| isHighAccuracy | boolean | false | 否 | 开启高精度定位 |
| highAccuracyExpire-Time | number |  | 否 | 高精度定位超时时间(ms),指定时间内返回最高精度,该值为 3000ms 以上时高精度定位才有效果 |
| success | function |  | 否 | 接口调用成功的回调函数 |
| fail | function |  | 否 | 接口调用失败的回调函数 |
| complete | function |  | 否 | 接口调用结束的回调函数(无论调用成功或失败都会执行) |

其中,成功回调函数中所包含的属性详见表 7-4。

159

表 7-4 成功回调函数中所包含的属性

| 属 性 | 类 型 | 说 明 |
|---|---|---|
| latitude | number | 纬度,范围为 −90～90,负数表示南纬 |
| longitude | number | 经度,范围为 −180～180,负数表示西经 |
| speed | number | 速度,单位为 m/s |
| accuracy | number | 位置的精确度 |
| altitude | number | 高度,单位为 m |
| verticalAccuracy | number | 垂直精度,单位为 m(Android 无法获取,返回 0) |
| horizontalAccuracy | number | 水平精度,单位为 m |

与选择位置 API 相同,首先,在 signin.wxml 文件获取当前位置所在列表项的 view 组件中添加 bindtap 函数 getLocation(),并在 signin.js 文件的 data 数组中添加一个 got 数组,其中 got 数组中有 latitude 和 longitude 两个变量,变量初始值为 0。

然后,在 signin.wxml 文件获取当前位置所在列表项说明文字所在 view 组件中,将"()"改为"({{got.longitude}},{{got.latitude}})"。这样,获取当前位置对应的经纬度坐标初始值为(0,0)。

最后,在 signin.js 文件中添加 getLocation()函数,使用 wx.getLocation()获取用户当前位置的经纬度,并赋值给 got 数组的 longitude 和 latitude。getLocation()函数的代码具体如下:

```
getLocation: function(){
  wx.getLocation({
    type: 'gcj02',
    success: (res) => {
      this.setData({
        got: res,
      })
    },
  })
},
```

同样地,也需要将 getLocation 加入 app.json 中的 requiredPrivateInfos 里面。

由于 wx.chooseLocation()中经纬度用的是国测局坐标(火星坐标,gcj02),而 wx.getLocation()中 type 的默认值为 wgs84,因此 wx.getLocation()中的 type 选择 gcj02。其中,国测局坐标是中国标准的当前互联网地图坐标系,wgs84 则是国际标准。

自 2022 年 7 月 14 日后发布的小程序,若要使用该接口,则需要在 app.json 中进行声明,否则将无法正常使用该接口(2022 年 7 月 14 日前发布的小程序不受影响),所以需要在 app.json 中添加如下权限说明:

```
"permission": {
  "scope.userLocation": {
    "desc": "你的位置信息将用于学习在线签到功能"
  }
},
"requiredPrivateInfos": ["getLocation","chooseLocation"]
```

在 wx.getLocation()中使用 console.log(res)输出成功回调函数的返回值,可以看到返回值中包括如图 7-9 所示的信息。

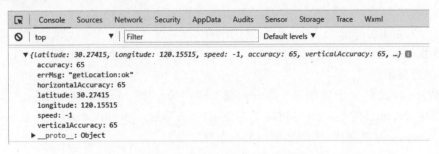

图 7-9　wx.getLocation()的返回值

getLocation()函数写完后,单击"获取当前位置"按钮,即可看见"获取当前位置"一栏中显示了用户当前位置的经纬度,如图 7-10 所示。

图 7-10　当前位置经纬度显示

## 7.3　实现测距功能

在前两节中,完成了"签到测距"页面的布局,并实现了选择位置和获取当前位置的功能,本节主要内容是用现有的两个经纬度坐标,通过经纬度计算距离公式计算目标位置与用户当前位置的距离。

观看视频

### 7.3.1 巧用 button 的 disabled 属性

对于"签到测距"页面的 button，希望在没有单击"选择位置"和"获取当前位置"按钮，获取经纬度坐标之前，"测距"按钮被禁用。只有当完成了位置选择与获取后，可以单击"测距"按钮进行测距。

在 WeUI 样式库中，会发现每个 button 都有两种状态（即 Normal 和 Disabled），如图 7-11 所示。其中，Normal 的 button 是可以正常使用的，而当加入 disabled 的属性，且 disabled="true"时，button 就被禁用了，怎么单击都不会有反应。

图 7-11　WeUI 中 button 的样式

首先，在 signin.js 文件的 data 数组中定义 flag1 和 flag2 两个变量，用来表示是否完成位置选择和是否获取当前位置信息，初始值为 false。当调用选择位置 API 时，变量 flag1 赋值为 true；当调用获取当前位置 API 时，变量 flag2 赋值为 true。signin.js 中 data 数组、chooseLocation()函数与 getLocation()函数代码具体如下：

```
data: {
  motto:'hello world',
  choosen:{
    latitude:0,
    longitude:0
  },
  got: {
    latitude: 0,
    longitude:0
  },
  flag1:false,
  flag2:false
},
chooseLocation: function(){
  wx.chooseLocation({
    success: (res) = > {
      this.setData({
        choosen: res,
        flag1:true
      })
    },
  })
},
getLocation: function(){
  wx.getLocation({
    type: 'gcj02',
    success: (res) = > {
      this.setData({
        got: res,
        flag2: true
      })
    },
  })
},
```

然后，在 signin.wxml 文件的 button 组件中添加一个 disabled 属性，代码如下：

```
< button class = "weui - btn" type = "primary" disabled = "{{!(flag1&&flag2)}}" >测距</button >
```

当两个 API 均未被调用时，flag1 和 flag2 均为 false，!(flag1&&flag2)＝true，"测距"按钮被禁用，如图 7-12 所示。

当仅调用了选择位置 API 时，flag1 值为 true，flag2 值为 false，!(flag1&&flag2)＝true，"测距"按钮被禁用，如图 7-13 所示。

当仅调用了获取当前位置 API 时，flag1 值为 false，flag2 值为 true，!(flag1&&flag2)＝true，"测距"按钮仍被禁用，如图 7-14 所示。

当且仅当两个 API 均被调用时，flag1 和 flag2 均为 true，!(flag1&&flag2)＝false，"测距"按钮可用，如图 7-15 所示。

图 7-12 两个 API 均未被调用

图 7-13 仅调用选择位置 API

图 7-14 仅调用获取当前位置 API

图 7-15 两个 API 均被调用

## 7.3.2　js实现经纬度测距

首先给"测距"按钮添加一个bindtap函数,名为calculate,具体代码如下:

```
< button class = "weui - btn" type = "primary" disabled = "{{!(flag1&&flag2)}}" bindtap = 
'calculate'>测距</button>
```

经纬度测距通过数学公式计算,在网上有许多相关的代码,本书主要参考了标题名为"js根据经纬度计算两点距离"的博客,该博客链接为 https://blog.csdn.net/weixin_40687883/article/details/80361779。将其中与测距相关的js代码复制到signin.js,并根据情况进行简单修改,具体代码如下:

```
Rad:function(d){
  return d * Math.PI / 180.0;
},

calculate:function(){
  let lat1 = this.data.choosen.latitude
  let lat2 = this.data.got.latitude
  let lng1 = this.data.choosen.longitude
  let lng2 = this.data.got.longitude
  var radLat1 = this.Rad(lat1);
  var radLat2 = this.Rad(lat2);
  var a = radLat1 - radLat2;
  var b = this.Rad(lng1) - this.Rad(lng2);
  var s = 2 * Math.asin(Math.sqrt(Math.pow(Math.sin(a / 2), 2) + Math.cos(radLat1) * Math.cos(radLat2) * Math.pow(Math.sin(b / 2), 2)));
  s = s * 6378137.0; // 取WGS84标准参考椭球中的地球长半径(单位:m)
  s = Math.round(s * 10000) / 10000;
  s = s.toFixed(2)
  this.setData({
    motto: s + 'm'
  })
},
```

其中,Rad()函数主要进行单位换算,将度转换为弧度;Math.asin()为反正弦函数;Math.sqrt()方法用于计算平方根;Math.pow(x,y)方法用于计算x的y次幂;Math.round()方法用于数字的四舍五入;toFixed()方法可以把number四舍五入为指定小数位数的数字。通过以上计算公式求出的距离单位为m。

选择好目标位置,并获取用户当前位置后,单击"测距"按钮,所测得的距离则显示在button下方,替换motto的初始值hello world,如图7-16所示。

图 7-16 测距结果

## 7.4 作业思考

**一、讨论题**

1. tabBar 的 list 数组中最多有几个 tab？
2. 什么时候需要使用 let that = this？
3. 除了 gcj02 坐标系，还有哪些坐标系？
4. margin 属性可以有 1~4 个值，对应不同个数的值时，每个值所指的意思是什么？
5. 如何将 number 四舍五入为指定小数位数的数字？
6. 很多应用都会有在线签到功能，你认为实现该功能需要哪些步骤？

**二、单选题**

1. 在获取到的地理位置信息中，以下（　　）表示纬度。
   A. latitude　　　B. longitude　　　C. altitude　　　D. accuracy
2. wx.chooseLocation(OBJECT)成功回调函数返回的参数不包括（　　）。
   A. name　　　B. address　　　C. latitude　　　D. speed

3. 微信开发者工具目前使用的坐标类别是（　　）。
   A. gps　　　　　　B. wsg84　　　　　C. cgcs2000　　　　D. gcj02
4. longitude 的值为负数，表示（　　）。
   A. 北纬　　　　　　B. 南纬　　　　　　C. 东经　　　　　　D. 西经
5. 以下（　　）方法可以用于长时间监听罗盘数据。
   A. wx.listenCompass(OBJECT)
   B. wx.startCompass(OBJECT)
   C. wx.onCompassChange(CALLBACK)
   D. wx.stopCompass(OBJECT)
6. 以下（　　）方法用于打开地图选择位置。
   A. wx.checkLocation()　　　　　　B. wx.findLocation()
   C. wx.selectLocation()　　　　　　D. wx.chooseLocation()
7. 小程序使用以下（　　）方法获取当前地理位置信息。
   A. wx.getLocation()　　　　　　　B. wx.gainLocation()
   C. wx.catchLocation()　　　　　　D. wx.chooseLocation()
8. 以下（　　）方法用于打开地图查看指定的位置。
   A. wx.openLocation()　　　　　　B. wx.checkLocation()
   C. wx.readLocation()　　　　　　D. wx.findLocation()
9. 微信小程序通过（　　）将地图中心移动到当前定位点。
   A. wx.checkLocation()　　　　　　B. wx.readLocation()
   C. moveToLocation()　　　　　　D. wx.findLocation()
10. 微信小程序开发通过（　　）获取视野范围。
    A. wx.findLocation()　　　　　　B. wx.checkLocation()
    C. MapContext.getRegion()　　　D. getRegion(OBJECT)

# 第8章

# 初识后台与数据库

## 国产服务器崛起（服务器从无到有）

本章将介绍后端环境的搭建，而服务器是小程序后端环境搭建依托的硬件基础。在国产服务器的历史发展浪潮给我们留下很多启迪，因此我们不得不聊一聊浪潮的首席科学家王恩东。王恩东，1966年7月出生，山东济南人，计算机专家，中国工程院院士，中国共产党党员。王恩东身为浪潮集团首席科学家、中国工程院院士，他经常济南、北京两地跑，科研工作安排得满满当当，忙碌成为工作的常态。无比繁忙的工作，被王恩东一句话概括："参加工作以来，我只研究了一个领域，就是服务器。"30多年来，在王恩东及其团队的努力下，浪潮在服务器领域实现从无到有、从弱到强的发展，成长为中国第一、全球第二大服务器供应商，为我国实现服务器领域关键技术突破做出了重大贡献。

"科技竞赛，必须要有勇攀高峰的决心和坚韧不拔的意志。"在其团队研发高端服务器的过程中，王恩东心里憋着一股劲。他带着大家从小规模的处理器群组做起，先积累经验，然后一点点扩大规模，一级级突破技术难关。2012年，浪潮正式发布了高端容错计算机系统"天梭K1"，这是中国第一台高端服务器，我国成为世界上第三个掌握高端服务器技术的国家。该成果荣获国家科学技术进步奖一等奖。

"认准一条路，认真走到底。"即使已经取得了辉煌的成就，王恩东依旧没有停止前行的脚步。近年来，在攻克了高端容错计算机难题后，王恩东又先后主持研发了中国第一代适合云计算时代的新型云服务器、人工智能服务器等产品，并不断快速迭代产品，让浪潮成为全球最大的云服务器供应商，在全球人工智能服务器市场份额也保持第一。

正是有王恩东这样不断突破与创新的前辈在，我们国家的服务器领域才能不断地有所发展。到目前为止，前几章的内容中我们把后端的程序用接口屏蔽掉，用户没有任何体验，我们实现的是小程序的前端页面。但是在实际开发过程中，小程序开发除了在微信开发者工具进行前端开发外，还会涉及后台、数据库以及服务器的部署，后端环境的搭建。本章通过介绍 Wampserver 即 Windows、Apache、MySQL 和 PHP 的集成安装环境的搭建，让用户了解后端环境是如何建立起来的。首先我们需要完成 Wampserver 的安装,安装后对本地环境进行配置,通过实例开发让用户了解如何创建后端 API,实现前后台交互,完成数据库数据的增删改查。

## 8.1 本地环境安装与测试

本节主要包括两部分内容,分别是软件安装和本地环境搭建,需要安装的软件有 Sublime 和 Wampserver。

### 8.1.1 安装 Sublime 与 Wampserver

观看视频

Sublime 是一种代码编辑器,支持多种编程语言的语法高亮。Wampserver 是一款 Apache Web 服务器、PHP 解释器以及 MySQL 数据库的整合软件包,省去了开发人员烦琐的配置环境过程,从而有更多精力去做开发。

**1. 安装 Sublime**

Sublime 相关的安装教程在网上有很多,安装包也可以直接在网上找到并下载。本书配套资料中有 Sublime 安装后的整个文件,开发者可以选择直接将该文件夹放置于自己软件安装常用目录下。打开文件夹,右击 sublime_text.exe,选择"创建快捷方式",并将该快捷方式拖至桌面。双击 sublime_text 图标打开 Sublime 编辑器,如图 8-1 所示。

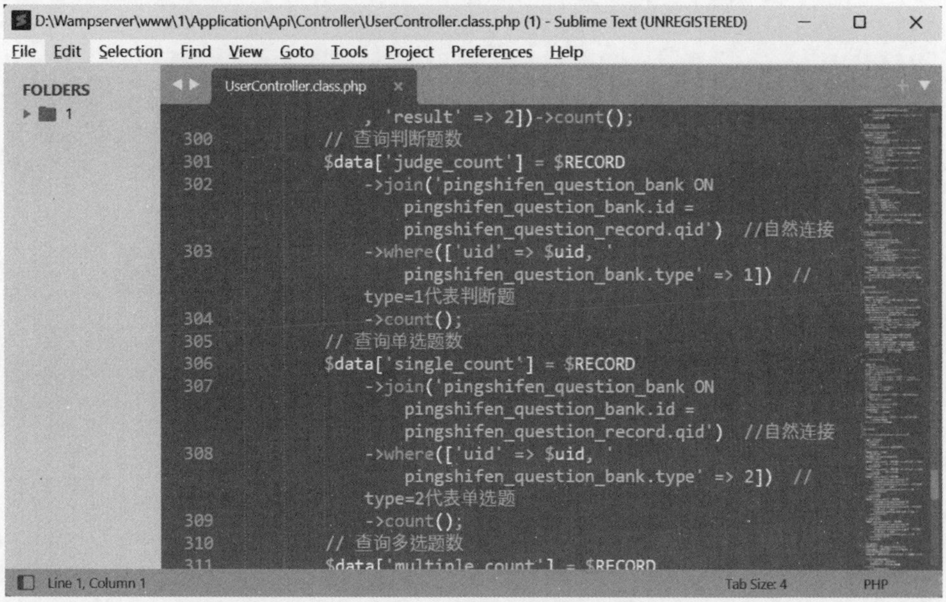

图 8-1 Sublime 编辑器

**2. 安装 Wampserver**

在 Wampserver 官方网站下载一个 Wampserver 安装包,注意要根据自己计算机的配置情况下载,使得软件安装完后能以最佳状态运行。

双击解压后的 WampServer.exe 文件,首先会弹出语言选择对话框,单击 OK 按钮,选择默认的 English 即可。

选择 I accept the agreement 单选按钮,表示同意接受条款,如果不同意则不允许安装,如图 8-2 所示,然后继续单击 Next 按钮。

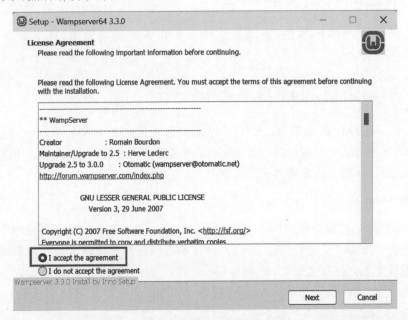

图 8-2 接受许可协议

选择安装目录为 E 盘,单击 Next 按钮,如图 8-3 所示。此处可根据自己喜好选择,如果喜欢装 C 盘也不是不可以,但为了避免因重装系统而丢失文件,选择 C 盘以外的盘来安装比较好。

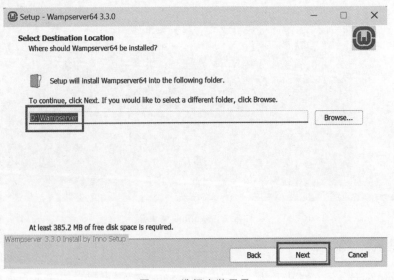

图 8-3 选择安装目录

下一个弹窗选择默认安装方式，单击 Next 按钮，然后在"开始"菜单创建快捷方式，不需要改变，直接单击 Next 按钮，最后单击 Install 按钮开始安装。在安装结束前，还会有是否选择默认浏览器和是否选择文本编辑器两个弹窗，如图 8-4 和图 8-5 所示。开发者可根据自身情况选择默认浏览器与文本编辑器。

图 8-4　选择默认浏览器

图 8-5　选择文本编辑器

完成默认浏览器与文本编辑器选择后，等待安装进度结束，单击 Next 按钮，然后单击 Finish 按钮，即完成 Wampserver 的安装。

双击桌面 Wampserver 的快捷方式，查看 Wampserver 是否安装成功。如果桌面右下角的图标变绿色，如图 8-6 所示，则说明 Wampserver 启动成功；如果图标呈红色或者橙色，则说明启动失败，Wampserver 安装还存在问题，遇到这种情况可以上网寻求解答。

图 8-6　Wampserver 启动成功

## 8.1.2　搭建本地环境

观看视频

完成 Sublime 与 Wampserver 安装，软件已准备就绪，接下来就是搭建本地开发环境。doudouyun 项目用到的后台代码与数据库可在本书配套资料中下载，下载后解压缩得到后台代码和数据库文件。

**1. 存放后台代码**

在后台代码的文件夹中，有一个名称为 1 的文件夹，只有将该文件夹复制到 Wampserver

安装目录下的 www 文件目录中，后台代码才能在本地服务器上运行，如图 8-7 所示。

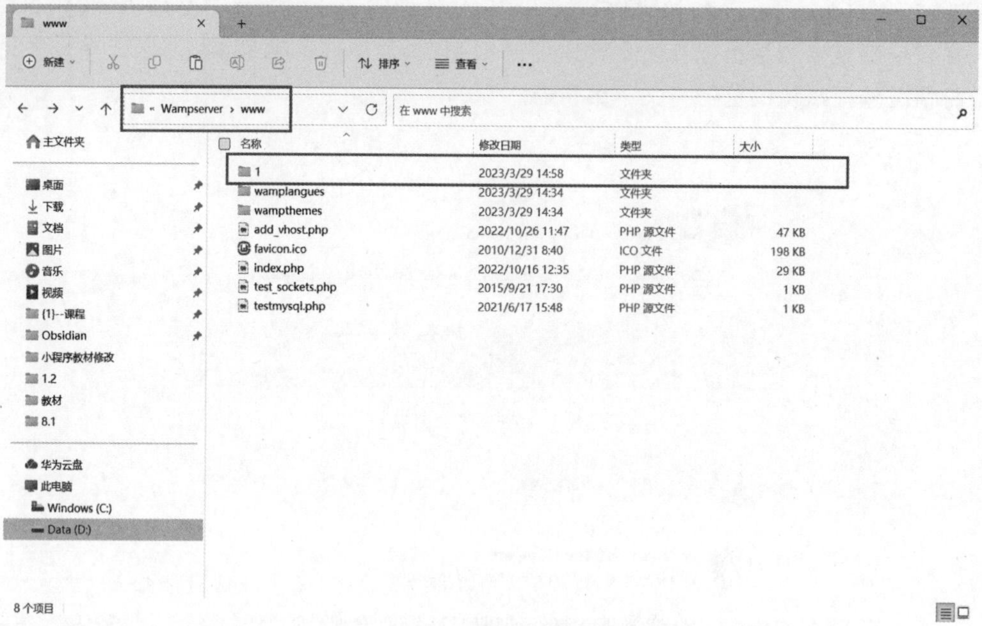

图 8-7 后台代码放置路径

**2．导入数据库文件**

单击右下角的绿色图标，然后选择 PhpMyAdmin 选项中的 phpMyAdmin 5.2.0，如图 8-8 所示。

选择 phpMyAdmin 后，浏览器中弹出 phpMyAdmin 登录页面，如图 8-9 所示。其中，用户名为 root，密码为空。单击"登录"按钮即可进入主页，如图 8-10 所示。

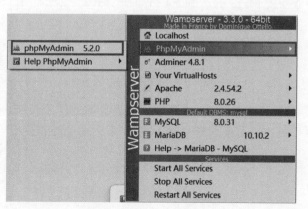

图 8-8 选择 phpMyAdmin

图 8-9 phpMyAdmin 登录页面

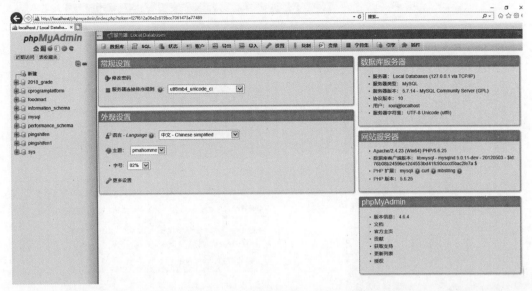

图 8-10　phpMyAdmin 主页

单击"新建"按钮，新建数据库的名字命名为 pingshifen，排序规则选择 utf8mb4_general_ci，单击"创建"按钮即可创建一个名为 pingshifen 的数据库，如图 8-11 所示。

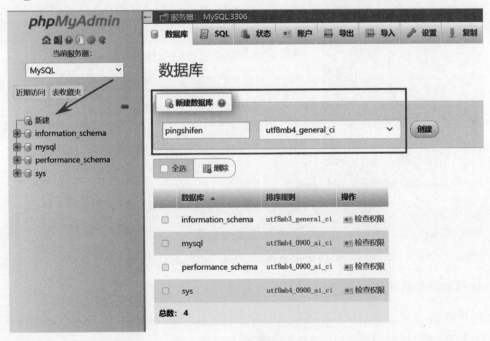

图 8-11　新建数据库

选择 pingshifen 数据库，单击"导入"按钮，然后单击"浏览"按钮，选择提供的 pingshifen.sql 文件，单击页面最下方的"导入"按钮，将 pingshifen.sql 导入本地数据库中，如图 8-12 所示。

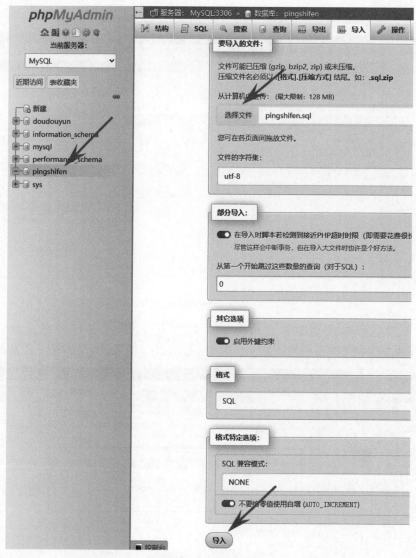

图 8-12 导入数据库

导入成功后,可以看到 pingshifen 中有很多数据表,如图 8-13 所示。每个数据表分别用于存储不同的数据信息,如题库信息存放在 pingshifen_question_bank 中。

### 3. 修改服务器地址

打开微信开发者工具中的 doudouyun 项目,打开 config.js 文件,将 apiUrl 改为 http://127.0.0.1/1/index.php/Api。原来的 https://zjgsujiaoxue.applinzi.com 为本书为开发者提供的新浪云服务器地址,http://127.0.0.1 为本地服务器地址。访问本地服务器地址,如图 8-14 所示,可以看到后台代码对应的文件夹 1 在 Your Projects 目录下。另外,http://127.0.0.1/ 与 /index/Api 之间的路径对应的是 www 文件目录下的后台代码存放路径。

第8章 初识后台与数据库

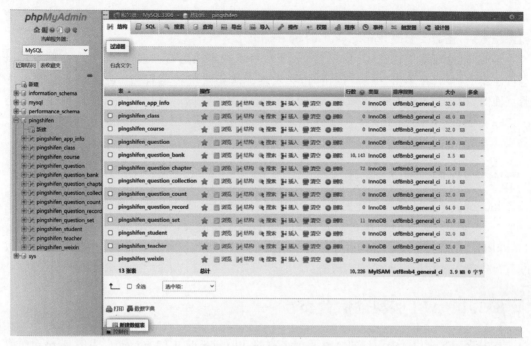

图 8-13 数据库中的数据表

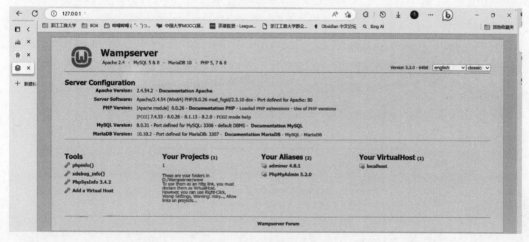

图 8-14 本地服务器地址

**4. 重新注册 API 接口和申请课程**

由于第 3 章与第 7 章涉及的注册 API 接口与申请课程号使用的是原来的新浪云服务器，之前的信息也存在该服务器的数据库中，因此本地没有注册信息以及所申请的课程信息。

要想让 doudouyun 项目在本地运行起来，需要重新在本地注册 API 并申请课程号。其中，注册 API 接口的链接变为 http://127.0.0.1/1/index.php/Page/Index/register，申请课程号的链接变为 http://127.0.0.1/1/index.php/Api/User/createCourse?appid＝

wx60dbecdccbea11f7&courseName=1028 教学 &questionSet=1012&creater=大佬，申请完课程号后，还需要修改 config.js 中的 courseid。

至此，本地环境搭建完成，doudouyun 项目可以在本地运行。在编译之后，会重新弹出进行注册的提示，在单击"提交"按钮时，会发现无法正常跳转至首页。这是由于在开发注册页面时，首页并不是 tabBar 页面，跳转至首页使用的是 wx.redirectTo，但是现在首页是 tabBar 页面，使用 wx.redirectTo 无法实现跳转，需要改为 wx.switchTab。

## 8.2 后台 API 开发

doudouyun 项目的后台开发使用 PHP 语言，用到了 ThinkPHP 框架。ThinkPHP 是一个快速、兼容性强而且简单的轻量级国产 PHP 开发框架，开发者有兴趣可系统地学习 ThinkPHP 框架。本节带着读者在原有的后台代码基础上了解前后台的交互，以及如何通过后台代码实现对数据库的增删改查。

### 8.2.1 API 实现前后台交互

观看视频

首先看一下前几章中用到的 API 是怎么写的，以 index.js 中的 current() 为例，current() 请求具体如图 8-15 所示。其中，请求对应的完整 url 为 http://127.0.0.1/1/index.php/Api/User/current。

```
onLoad: function () {
  this.getCurrentCourse(courseId)
},
getCurrentCourse(course_id=''){
  wx.request({
    url:userUrl + 'current',
    data:{
      current_course_id: course_id,
      openid: wx.getStorageSync('jiaoxue_OPENID'),
    },
    success: res=>{
      console.log('res1',res.data)
      this.setData({
        current_course: res.data.data
      })
    }
  })
}
```

图 8-15 前端请求 current()方法

http://127.0.0.1/1 为服务器地址，index.php 为入口文件，Api/User/current 为 API 所在位置。在 Api/User/current 中，Api 为后台代码中目录名称，User 为 UserController 控制器，current 为控制器中的方法。在后台代码中，current()方法的目录如图 8-16 所示。

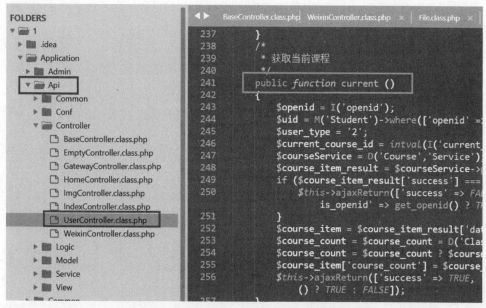

图 8-16　后台代码中 current()方法的目录

在 UserController.class.php 的 current()方法后面写一个新的 test()方法,简单实现前后台交互。前后台的交互其实是单向的,服务器不会主动向前台发送数据。也可以选择别的控制器而非 UserController,这个有兴趣的自己修改。

在 PHP 中使用 ajaxReturn()方法返回数据,test()方法代码如下:

```
public function test()
{
    $this->ajaxReturn('测试通过');
}
```

注意,每次修改后台代码后都需要按 Crtl+S 组合键保存修改后的文件。

在 myinfo.wxml 文件中添加一个 button,button 名为测试,该 button 对应的代码如下:

```
<button class="weui-btn" type="primary" bindtap='bindtest'>测试</button>
```

其中,bindtest 为事件触发函数,在 myinfo.js 文件中添加 bindtest()函数,在 bindtest()函数中,使用 wx.request({})访问后台代码中的 test()方法,该函数代码具体如下:

```
bindtest: function() {
  wx.request({
    url: userUrl + 'test',
    success: function(res) {
      console.log('请求结果', res)
    }
  })
},
```

其中，userUrl 为从 config.js 中获取到的变量，在 index.js 中已声明该变量，如果该函数写在其他页面则需要声明该变量。

代码都写完后，重新编译小程序，单击首页中的"测试"按钮，可以看到调试器的 Console 中打印出来的返回值，在 data 数组中有后台返回的数据"测试通过"，如图 8-17 所示。

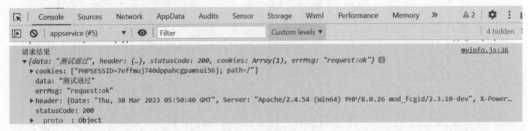

图 8-17　test()方法返回值

给 bindtest()函数中的 wx.request({}) 添加 data 属性，即在发起 https 请求时，带参请求。修改后 bindtest()代码具体如下：

```
bindtest: function() {
  wx.request({
    url: userUrl + 'test',
    data: {
      'testA': 'A',
      'testB': 'B'
    },
    success: function(res) {
      console.log('请求结果', res)
    }
  })
},
```

在后台代码中，可以使用 I()方法获取到 http 请求中的数据，可以加上参数，如：I('参数名')。简单修改 test()方法，修改后的代码如下：

```
public function test()
{
    $ data = [];
    $ data["I('')"] = I('');
    $ data["I('testA')"] = I('testA');
    $ this->ajaxReturn( $ data);
}
```

test()方法中，首先定义了一个 data 数组，其中 data 数组中 I()的值为 I()方法获取到的 http 请求中所有的参数，而 data 数组中 I('testA')的值则为 I()方法获取到的 http 请求中 testA 的值。单击"测试"按钮，可以看到调试器中打印出来的值如图 8-18 所示。

通过上述操作，简单实现了前后台交互。

# 第8章 初识后台与数据库

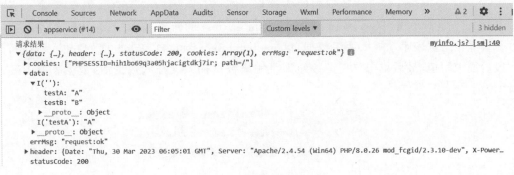

图 8-18 带参请求返回值

## 8.2.2 数据库的增删改查

观看视频

在后台开发中，数据库也是不可或缺的一部分，如 doudouyun 项目中，题库信息、做题记录、注册信息等都需要存储在数据库中。thinkphp 封装的数据库操作方法详见 https://www.kancloud.cn/manual/thinkphp/1761。本节主要内容是如何使用 PHP 实现数据库的增删改查。

观看视频

首先需要在 pingshifen 中新建一个数据表，如图 8-19 所示。命名为 pingshifen_test，该数据表主要有 3 个字段，其中 id 字段一般所有表都需要，类型选择 INT，并勾选 A_I 复选框使其自增。其他字段按需建立，因为测试用，字段名不需要有意义，类型与长度也应该按需设置，这里加了 field1 和 field2 两个字段，类型选择 TEXT，长度/值为 256。

图 8-19 新建 pingshifen_test 数据表

下方的 Collation 代表该数据表的字符集,如果需要支持中文存储,需选择 utf8mb4_general_ci。最后单击"保存"按钮,完成 pingshifen_test 的新建。

首先给数据表手动插入两组数据,单击 pingshifen_test,再单击上面的"插入",在每个字段后面填写值,最后单击"执行"按钮即可完成数据插入。插入数据后,数据表如图 8-20 所示。

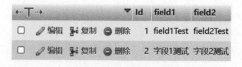

图 8-20　手动插入两组数据

### 1. 查(select、find)

数据库查询语句有 select 和 find 两种,区别在于 select 会返回所有满足 where 条件的数据,而 find 只返回满足 where 条件的第一条数据。其中,where() 接收一个数组作为查询参数,一个数组中可以有多个参数。

在 test() 方法中,使用 select 语句查询 pingshifen_test 数据表中的所有数据以及 id 为 1 的数据,存放在 data 数组中,返回给前端。test() 方法具体代码如下:

```php
public function test()
{
    $ data = [];
    //实例化数据表以供操作,可用 D('test'),括号中为数据表名
    $ TEST = M('test');
    //无条件查询,查询所有记录
    $ data['select_result1'] = $ TEST -> select();
    //查询 id 字段为 1 的数据
    $ data['select_result2'] = $ TEST -> where(['id' => 1]) -> select();
    $ this -> ajaxReturn( $ data);
}
```

单击"测试"按钮,即可看到调试器中打印的返回值,如图 8-21 所示。

图 8-21　查询数据返回值

## 2. 增（add）

数据库中使用 add 增加记录，add 接收一个数组作为参数，数组内容为将要插入到数据表的值。在 test() 方法中，使用 add 为 pingshifen_test 数据表添加一条记录，具体代码如下：

```php
public function test()
{
    $ data = [];
    $ TEST = M('test');
    $ add_data = [
        'field1' =>'你好,世界',
        'field2' =>'hello world'
    ];
    //执行插入操作,如果成功,返回值为插入的数据对应的主键
    $ data['add_result'] =  $ TEST - > add( $ add_data);
    $ this - > ajaxReturn( $ data);
}
```

单击"测试"按钮，即可看到调试器中打印的返回值，如图 8-22 所示。

```
请求结果                                                                myinfo.js? [sm]:40
▼{data: {…}, header: {…}, statusCode: 200, cookies: Array(1), errMsg: "request:ok"}
 ▶ cookies: ["PHPSESSID=e9ogp7rko9n320bjbdgnoae4lg; path=/"]
 ▶ data: {add_result: "3"}
   errMsg: "request:ok"
 ▶ header: {Date: "Thu, 30 Mar 2023 07:03:42 GMT", Server: "Apache/2.4.54 (Win64) PHP/8.0.26 mod_fcgid/2.3.10-dev", X-Power...
   statusCode: 200
 ▶ __proto__: Object
```

图 8-22 增加数据返回值

打开数据库，可以看到数据库中也增加了一条 id 为 3、field1 为"你好，世界"、field2 为 hello world 的记录，如图 8-23 所示。

图 8-23 数据库记录增加

## 3. 删（delete）

数据库中使用 delete 删除记录，在 test() 方法中，使用 delete 为 pingshifen_test 数据表删除一条记录，具体代码如下：

```php
public function test()
{
    $ data = [];
    $ TEST = M('test');
    $ where = [
        'field1' => 'field1Test'
    ];
```

```
    $ data['del_result'] = $ TEST -> where( $ where) -> delete();
    //上面方法等同于下面
    // $ data['del_result'] = $ TEST -> where(['field1' => 'field1Test']) -> delete();
    $ this -> ajaxReturn( $ data);
}
```

单击"测试"按钮,即可看到调试器中打印的返回值,其中返回值为删除的数据条数,如图 8-24 所示。

图 8-24　删除数据返回值

打开数据库,可以看到数据库中 field1 为 field1Test 的记录被删除了,如图 8-25 所示。

图 8-25　数据库记录删除

### 4. 改(save)

数据库中使用 save 修改记录,在 test()方法中,使用 save 在 pingshifen_test 数据表中删除一条记录,具体代码如下:

```
public function test()
{
    $ data = [];
    $ TEST = M('test');
    $ save_data = [
        'field1' => 'field1Change'
    ];
    $ data['save_result'] = $ TEST -> where(['id' => 3]) -> save( $ save_data);
    $ this -> ajaxReturn( $ data);
}
```

单击"测试"按钮,即可看到调试器中打印的返回值,其中返回值为修改的数据条数,如图 8-26 所示。

图 8-26　修改数据返回值

打开数据库,可以看到数据库中 id 为 3 的记录,对应的 field1 的值变为 field1Change,如图 8-27 所示。

图 8-27 数据库记录修改

## 8.3 作业思考

**一、讨论题**

1. wampSever 安装时可能会遇到哪些问题以及如何解决?
2. 搭建本地环境时,后台代码要放在哪里才能让代码在本地运行起来?
3. ThinkPHP 框架使用什么向前端返回数组?
4. 数据库查询语句中 find 和 select 有什么区别?
5. M() 方法的作用是什么?
6. 近年来,华为等中国企业在国际上逐渐崭露头角,越来越多的国家也青睐在建设新一代网络时采用华为技术。你还知道哪些国产打破国外垄断的案例?

**二、单选题**

1. 小程序使用(　　)方法删除本地已保存的文件。
   A. wx.removeSaveFile()　　　　　　B. wx.removeSavedFile()
   C. wx.deleteSaveFile()　　　　　　D. wx.deleteSavedFile()
2. 如果下载文件的 url 地址为 http://localhost/books/book001.pdf,以下说法(　　)是不正确的。
   A. 这是本地服务器地址
   B. 该地址仅供测试学习使用,无法正式上线
   C. 只要在微信开发者工具中勾选"不校验域名、Web-view(业务域名)、TLS 版本以及 HTTPS 证书"复选框就可以正式上线
   D. 正式上线时需要换成 https 的域名地址,并且需要有 ICP 备案
3. 小程序使用以下(　　)函数可以在当前页面上方打开应用内指定的新页面。
   A. wx.navigateTo(OBJECT)　　　　B. wx.navigateBack(OBJECT)
   C. wx.redirectTo(OBJECT)　　　　D. wx.reLaunch(OBJECT)
4. 以下(　　)可以用于监听用户截屏行为。
   A. wx.listenUserCaptureScreen()
   B. wx.onUserCaptureScreen()
   C. wx.hearUserCaptureScreen()
   D. wx.captureUserCaptureScreen()
5. 如果 $data=M('test')$,则(　　)实现删除 test 表中的所有数据。

A. $data->delete('1');

B. $data->where('1')->delete();

C. $data->delete();

D. $data->where('status=0')->delete();

6. 文件下载成功时,success()回调函数的 statusCode 值是(　　)。

　　A. 403　　　　B. 201　　　　C. 404　　　　D. 200

7. 以下(　　)代码可以单击后关闭所有页面,跳转到一个 tab 页面。

A. < navigator url = 'pages/new/new' open-type = 'redirect'></navigator >

B. < navigator url = 'pages/new/new' open-type = 'switchTab'></navigator >

C. < navigator url = 'pages/new/new' open-type = 'navigate'></navigator >

D. < navigator url = 'pages/new/new' open-type = 'reLaunch'></navigator >

8. 以下关于 $User = M("User")(实例化 User 对象)说法不正确的是(　　)。

A. M()函数是 TP 内置的实例化方法,使用 M()函数不需要创建对应的模型类

B. M('Data')实例化以后就可以直接对 Data()函数进行操作

C. M()函数是一种直接在底层操作的 Model 类

D. M()函数不具有基本的增删改查操作方法

9. 根据以下代码,(　　)可以插入一条 uid 值为 2513141 的记录。

```
$User = M("User"); // 实例化 User 对象
$data['uid'] = '2513141';
```

A. $User->add($data);　　　　B. $ajax_result=add($data);

C. add($data);　　　　　　　　D. $add($data);

10. 
```
$User = M("homeworkStatistics");
$condition['name'] = 'thinkphp';
$condition['status'] = 1;
$User -> where( $condition) -> select();
```

最后生成的 SQL 语句是(　　)。

A. SELECT * FROM think_homeworkStatistics WHERE `name`='thinkphp' AND condition=1

B. SELECT * FROM think_homeworkStatistics WHERE `condition`='thinkphp' AND status=1

C. SELECT * FROM think_homeworkStatistics WHERE `condition`='thinkphp' OR condition=1

D. SELECT * FROM think_homeworkStatistics WHERE `name`='thinkphp' AND status=1

# 第9章

# 接口开发与云平台

## 王坚院士带领阿里去 IOE（从本地迁移到服务器）

本地服务器的搭建满足不了日益增长的用户及企业需求，云服务的创始到发展顺应了云服务技术的变革趋势，第一个吃螃蟹的人是不平凡的，让我们来揭开这位改写中国云服务技术的大佬。平头、格子衫、瘦瘦小小、笑起来憨憨的、有点羞涩，这就是"一介书生"王坚。非常简单的一个人，他的成就却不简单。30 岁成为心理学教授，31 岁成为博导，32 岁做系主任，37 岁放着好好的系主任不干，加入微软亚洲研究院，之后做到了副院长。如今，他不仅是阿里云的创始人，更当选为中国工程院院士。

2008 年 6 月，马云在阿里巴巴 B2B 高管会上，首次提出要做云计算的构想。当时内部有很大的争议，也有很多人持反对意见，但马云力排众议，要求必须马上做这件事。于是彭蕾找到了王坚。2008 年 9 月，王坚离开微软亚洲研究院，加入阿里巴巴。2008 年底，王坚首创了以数据为中心的云计算体系结构，命名为"飞天"。当年，在王坚的主导下，阿里巴巴开始了轰轰烈烈的"去 IOE"（IBM 小型机、Oracle 商业数据库和 EMC 集中式存储），同样引发了业内不小的争议。那几年里，他主持的云计算研发耗费巨资，但迟迟未做出成绩；他手下的员工纷纷离开，将近 80% 的员工或者转岗到风生水起的淘宝、天猫等业务部门，或者直接离开阿里巴巴。

所幸，马云信任王坚，要人给人、要钱给钱，给王坚吃下了定心丸。那时的阿里巴巴看似一个行走顺畅的人，但它的"两条腿"——核心技术——来自另外两家技术公司：雅虎和 IBM。所以，云计算也是为了公司做"截肢手术"，去雅虎化和去 IBM 化。王坚坚信：技术才是一家公司的核心竞争力，阿里巴巴只有改变自身对其他公司的技术依赖，才能找到自己不可替代的坚实力量。同时，随着阿里巴巴的业务快速增长，IT 基础设施成本的上升将会拖垮阿里巴巴，王坚也坚持必须换掉老引擎，从零开始建立这套技术体系。

王坚知道，要想成功肩负起底层计算系统，就必须有能力调度 5000 台服务器，这相当于一根及格线。这就是 5k 的由来。2013 年 6 月底，5k 进入了最后的稳定性测试阶段，有人提出了一个钢铁直男般的测试方法：拔电源。理由是，如果5k连这种突然暴力断电都能撑得住，阿里云还有什么不稳定的？王坚同意了。负责拉电的人还反复向他确认了三遍：拉吗？拉吗？拉吗？当所有机器重新启动时，当系统完全恢复运行时，一切正常。这一刻，在场见证的所有人都明白，成功了。他主持研发的飞天操作系统，也获得中国电子协会十六年来首个"科技进步"特等奖。他不仅引领了中国技术史上第一次从0到1的完整跳跃，也掀起了整个中国云计算的浪潮，为商业、为社会、为人类，带来了新的变化。

坚持去IOE在当时看来确实是一项荒谬的举措，但也正是这步举措使得阿里云形成了自己的技术体系，在未来的道路上能够走得更远。在我们的小程序中也一样，小程序在正式发布后，若要使用户能够更好地使用其中的功能，后台代码以及数据库放在本地服务器上显然是不行的，需要将它们放在云服务器上。第8章中搭建了本地环境，并简单地学习了前后台的交互以及数据库的增删改查。本章在豆豆云项目基础上，开发了查看做题情况的API，然后再通过对云平台环境的配置带领读者了解云平台，用阿里云完成后端程序的部署。

## 9.1 查看做题情况 API 开发

本节主要是在了解前后台简单交互以及数据库增删改查的基础上，带着读者开发一个完整、有意义的API，用于查看做题情况，做题情况主要包括总做题数、正确题数、单选题数、多选题数以及判断题数。

观看视频

### 9.1.1 "做题情况"页面布局

明确查看做题情况的功能需求后，先完成做题情况页面基本布局，首先右击my目录，选择"新建Page"，并命名为statistic，完成"做题情况"页面的新建。

"做题情况"页面主要用于显示总做题数、正确题数、单选题数、多选题数以及判断题数。样式就选择WeUI样式库中表单→list对应的带说明的列表项。将该样式对应的代码复制到doudouyun项目的statistic.wxml文件中，并修改标题文字，修改后statistic.wxml中代码具体如下：

```
<view class="weui-cells weui-cells_after-title">
  <view class="weui-cell" aria-role="option">
    <view class="weui-cell__bd">总做题数</view>
    <view class="weui-cell__ft">说明文字</view>
  </view>
  <view class="weui-cell" aria-role="option">
    <view class="weui-cell__bd">正确题数</view>
    <view class="weui-cell__ft">说明文字</view>
  </view>
  <view class="weui-cell" aria-role="option">
    <view class="weui-cell__bd">单选题数</view>
    <view class="weui-cell__ft">说明文字</view>
```

```
    </view>
    <view class = "weui-cell" aria-role = "option">
      <view class = "weui-cell__bd">多选题数</view>
      <view class = "weui-cell__ft">说明文字</view>
    </view>
    <view class = "weui-cell" aria-role = "option">
      <view class = "weui-cell__bd">判断题数</view>
      <view class = "weui-cell__ft">说明文字</view>
    </view>
</view>
```

"做题情况"页面如图 9-1 所示。

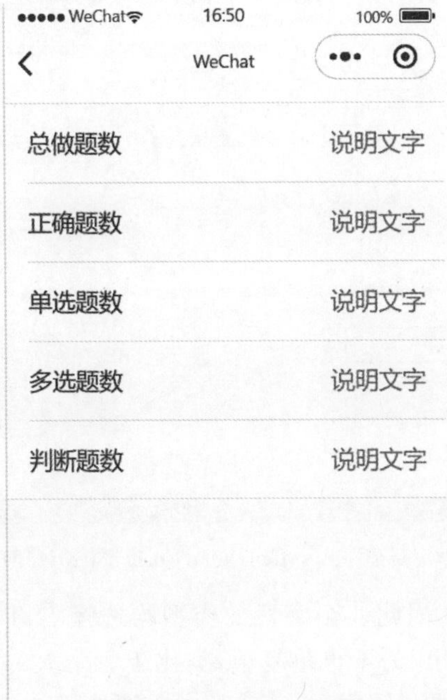

图 9-1 "做题情况"页面

在 myinfo.wxml 文件中添加一个 button 组件,按钮名称为"查看做题情况",并给该 button 添加 bindtap 属性,触发函数名为 bind_statistic,具体代码如下:

```
<button class = "weui-btn" type = "primary" bindtap = 'bind_statistic'>查看做题情况</button>
```

该 button 的主要作用是实现 myinfo 页面到 statistic 页面的带参跳转,参数为 uid,uid 的值对应的是 userinfo 中的用户 id。在后面查看做题情况 API 主要通过 uid 来查找每个学生的做题情况。myinfo.js 中 bind_statistic() 函数的代码具体如下:

```
bind_statistic:function(){
  wx.navigateTo({
    url: './statistic?uid = ' + this.data.userinfo.id,
  })
},
```

## 9.1.2 新建数据表

新建一张名为 pingshifen_homework_statistics 的数据表用作存储每个用户的做题情况。该数据表共有 6 个字段,其中,由于是以每个用户为单位,因此设置 uid 为主键,uid 对应的索引选择 PRIMARY。另外 5 个字段分别对应用户做对的题数、做错的题数、单选题数、多选题数和判断题数,如图 9-2 所示。

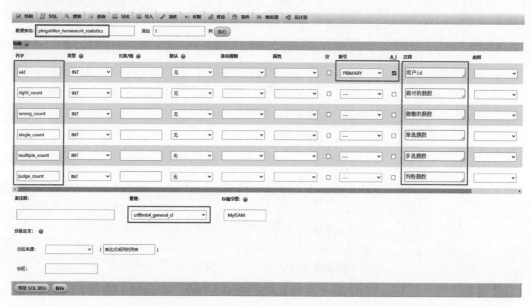

图 9-2　新建 pingshifen_homework_statistics 数据表

由于存储内容均为整数,因此 6 个字段的类型均选择 INT,长度如果不设置则默认为 11；PRIMARY 为主键的意思,为不可重复项,类比于每个人的身份证号不可重复,并且是一对一的关系；如果字段需要存储中文,Collation 需要选择 utf8,常用 utf8mb4_general_ci。单击左下角的"保存"按钮,即完成数据表的新建,如图 9-3 所示。

图 9-3　pingshifen_homework_statistics 数据表结构

## 9.1.3　获取做题情况 API 开发

在后台代码的 UserController 中添加 get_homework_statistic()方法,该方法的代码具体如下:

```php
/*
 * 读取做题情况
 */
public function get_homework_statistic ()
{
    $uid = I('uid');
    //合法性判断
    if (! $uid) {
        $this->ajaxReturn('uid 参数错误');
    }
    //数据存储
    $STATISTIC = M('homeworkStatistics');
    $selectData = $STATISTIC->where(['uid' => $uid])->find();
    if (empty($selectData)) {
        //如果不存在,则执行更新操作
        $this->ajaxReturn( $this->update_homework_statistic());
    } else {
        //否则更新原有数据
        $this->ajaxReturn( $selectData);
    }
}
```

简单介绍 get_homework_statistic()方法的逻辑,主要是先使用 I()方法获取 http 请求中的参数 uid,然后对 uid 进行合法性判断,如果 uid 的值为零,则通过 ajaxReturn 返回"uid 参数错误"。

然后实例化 homeworkStatistics 数据表,注意这里的数据表名称一定要跟数据库中数据表名称对应,M()方法中的数据表名称为驼峰式命名。

使用 find()方法查询数据表中满足 uid 的值等于 http 请求中 uid 的值这个条件的第一条记录,并赋值给 selectData。如果 selectData 为空,则执行更新操作,更新做题情况 API 会在 9.1.4 节中细讲,否则使用 ajaxReturn 返回 selectData。

写完 get_homework_statistic()方法后,在 statistic.js 文件的 onLoad()函数中请求这个 API,statistic.js 的具体代码如下:

```javascript
//pages/my/statistic.js
const userUrl = require('../../config.js').userUrl
Page({

    /**
     * 页面的初始数据
     */
```

```
    data: {
      statistic:{},
      uid:undefined

    },

    /**
     * 生命周期函数--监听页面加载
     */
    onLoad: function (options) {
      let that = this
      this.setData({
        uid: options.uid
      })
      if(this.data.uid == undefined){
        return
      }
      wx.request({
        url: userUrl + 'get_homework_statistic',
        data:{
          'uid': that.data.uid
        },
        success: function(res){
          that.setData({
            'statistic': res.data
          })
          console.log('http返回结果',res)
        },
        fail:function(res){
          console.log('请求失败',res)
        }
      })
    },
})
```

其中,myinfo 页面带参数 uid 跳转至 statistic 页面,可以在 statistic.js 文件 onLoad() 函数的 options 中找到 uid 的值。使用 wx.request({}) 请求获取做题情况 API,请求参数为 uid,将成功返回值赋值给 statistic 变量。

### 9.1.4 更新做题数据 API 开发

观看视频

本节主要分为两部分:一部分是后台更新做题数据 API 的开发;另一部分是前端代码的完善,在前端实现 API 的调用。

**1. 后台 API 开发**

在后台代码的 UserController 中添加 update_homework_statistic() 方法,该方法的代码具体如下:

```php
/*
 * 统计做题情况
 */
public function update_homework_statistic ()
    {
        $uid = I('uid');
        //合法性判断
        if (! $uid) {
            $this->ajaxReturn('uid参数错误');
        }
        $data['uid'] = $uid;
        //实例化数据表
        $RECORD = M('questionRecord');
        //查询做对题数
        $data['right_count'] = $RECORD->where(['uid' => $uid, 'result' => 1])->count();
        //查询做错题数
        $data['wrong_count'] = $RECORD->where(['uid' => $uid, 'result' => 2])->count();
        //查询判断题数
        $data['judge_count'] = $RECORD
            ->join('pingshifen_question_bank ON pingshifen_question_bank.id = pingshifen_question_record.qid')   //自然连接
            ->where(['uid' => $uid, 'pingshifen_question_bank.type' => 1])
            //type=1 代表判断题
            ->count();
        //查询单选题数
        $data['single_count'] = $RECORD
            ->join('pingshifen_question_bank ON pingshifen_question_bank.id = pingshifen_question_record.qid')   //自然连接
            ->where(['uid' => $uid, 'pingshifen_question_bank.type' => 2])
            //type=2 代表单选题
            ->count();
        //查询多选题数
        $data['multiple_count'] = $RECORD
            ->join('pingshifen_question_bank ON pingshifen_question_bank.id = pingshifen_question_record.qid')   //自然连接
            ->where(['uid' => $uid, 'pingshifen_question_bank.type' => 3])
            //type=3 代表多选题
            ->count();

        //数据存储
        $STATISTIC = M('homeworkStatistics');
        $save_data = $STATISTIC->create($data);   //生成符合数据库格式的数组
        $existed = $STATISTIC->where(['uid' => $uid])->find();
        if (empty($existed)) {
            //如果不存在,则新增数据
            $STATISTIC->add($save_data);
        } else {
            //否则更新原有数据
            $STATISTIC->where(['uid' => $uid])->save($save_data);
            //这里的where部分可以省略,因为data中存在uid,即主键
        }
        $this->ajaxReturn($data);
}
```

在 update_homework_statistic()方法中,对需要存储在 pingshifen_homework_statistics 数据表中的 right_count、wrong_count、single_count、multiple_count 和 judge_count 赋值,并将数据存储至数据表中。

1) right_count 与 wrong_count

其中,要获取做对题数和做错题数,主要从 pingshifen_question_record 数据表中使用 count()方法获取。pingshifen_question_record 数据表结构如图 9-4 所示。

| # | 名字 | 类型 | 排序规则 | 属性 | 空 | 默认 | 注释 | 额外 |
|---|---|---|---|---|---|---|---|---|
| 1 | id | int(10) | | | 否 | 无 | | AUTO_INCREMENT |
| 2 | uid | int(10) | | | 否 | 无 | 学生用户id | |
| 3 | cid | int(11) | | | 否 | 无 | | |
| 4 | qid | int(10) | | | 否 | 无 | 课程题目id | |
| 5 | choose | int(6) | | | 否 | 无 | 提交选项 | |
| 6 | answer | int(6) | | | 否 | 无 | 正确答案 | |
| 7 | result | tinyint(2) | | | 否 | 无 | 回答正确or错误 1正确 2错误 | |
| 8 | status | varchar(2) | utf8_general_ci | | 否 | 1 | | |
| 9 | gmt_create | bigint(15) | | | 否 | 无 | | |
| 10 | gmt_modified | bigint(15) | | | 否 | 无 | | |

图 9-4  pingshifen_question_record 数据表结构

在 pingshifen_question_record 数据表中以整型数字来存放用户提交选项以及正确答案,如图 9-5 所示。其中 16 对应 A 选项,32 对应 B 选项,64 对应 C 选项,128 对应 D 选项。对于多选题就是将 A、B、C、D 选项对应的数字相加,如正确答案为 ABD,那么存在数据表中为 176=16+32+128。

| | id | uid 学生用户id | cid | qid 课程题目id | choose 提交选项 | answer 正确答案 | result 回答正确or错误 1正确 2错误 | status | gmt_create | gmt_modified |
|---|---|---|---|---|---|---|---|---|---|---|
| 编辑 复制 删除 | 108 | 15948 | 10016 | 18827 | 32 | 240 | 2 | 1 | 1680152400 | 1680152400 |
| 编辑 复制 删除 | 109 | 15948 | 10016 | 18828 | 64 | 64 | 1 | 1 | 1680152401 | 1680152401 |
| 编辑 复制 删除 | 110 | 15948 | 10016 | 18829 | 128 | 16 | 2 | 1 | 1680152402 | 1680152402 |
| 编辑 复制 删除 | 111 | 15948 | 10016 | 18830 | 32 | 128 | 2 | 1 | 1680152403 | 1680152403 |
| 编辑 复制 删除 | 112 | 15948 | 10016 | 18831 | 16 | 32 | 2 | 1 | 1680152405 | 1680152405 |
| 编辑 复制 删除 | 113 | 15948 | 10016 | 18832 | 64 | 64 | 1 | 1 | 1680152425 | 1680152425 |
| 编辑 复制 删除 | 114 | 15948 | 10016 | 18833 | 32 | 16 | 2 | 1 | 1680152435 | 1680152435 |
| 编辑 复制 删除 | 115 | 15948 | 10016 | 18834 | 64 | 16 | 2 | 1 | 1680153718 | 1680153718 |
| 编辑 复制 删除 | 116 | 15948 | 10016 | 18835 | 32 | 32 | 1 | 1 | 1680153720 | 1680153720 |
| 编辑 复制 删除 | 117 | 15948 | 10016 | 18836 | 128 | 64 | 2 | 1 | 1680153721 | 1680153721 |
| 编辑 复制 删除 | 118 | 15948 | 10016 | 18837 | 16 | 32 | 2 | 1 | 1680153722 | 1680153722 |

图 9-5  做题记录数据表

获取做对题数根据条件为 uid 的值等于当前用户 id,且 result=1 在 pingshifen_question_record 数据表中使用 count()方法计算。获取做错题数基本一样,只是 result=2 为做题错误对应的记录。

2) single_count、multiple_count 与 judge_count

获取做题记录中的单选题数、多选题数和判断题数需要联合两张表，由于 pingshifen_question_record 数据表中无法判断所做题目属于哪种类型的题目，题目类型信息可以从 pingshifen_question_bank 数据表中获取，该数据表结构如图 9-6 所示。

| # | 名字 | 类型 | 排序规则 | 属性 | 空 | 默认 | 注释 | 额外 |
|---|---|---|---|---|---|---|---|---|
| 1 | id | int(10) | | | 否 | 无 | | AUTO_INCREMENT |
| 2 | set_id | int(6) | | | 否 | 无 | 题库集合id | |
| 3 | chapter_id | int(11) | | | 否 | 无 | 题目章节、知识点 | |
| 4 | type | tinyint(2) | | | 否 | 无 | 题目类型 1 判断 2单选 3多选 | |
| 5 | content | text | utf8_general_ci | | 否 | 无 | 题干 | |
| 6 | media_id | int(10) | | | 否 | 0 | 图片,视频资源等id 0 表示无 | |
| 7 | option_a | varchar(200) | utf8_general_ci | | 否 | 无 | | |
| 8 | option_b | varchar(200) | utf8_general_ci | | 否 | 无 | | |
| 9 | option_c | varchar(200) | utf8_general_ci | | 否 | 无 | | |
| 10 | option_d | varchar(200) | utf8_general_ci | | 否 | 无 | | |
| 11 | answer | int(4) | | | 否 | 无 | 正确答案 | |
| 12 | analysis | text | utf8_general_ci | | 否 | 无 | | |
| 13 | status | tinyint(2) | | | 否 | 1 | | |
| 14 | gmt_create | bigint(15) | | | 否 | 无 | | |
| 15 | gmt_modified | bigint(15) | | | 否 | 无 | | |

图 9-6 pingshifen_question_bank 数据表结构

表中的 type 字段对应的就是题目类型，type=1 对应判断题，type=2 对应单选题，type=3 对应多选题。id 字段对应的是题目 id，在 pingshifen_question_record 数据表中，qid 就是题目 id，可以通过每条记录中的 qid 找到 pingshifen_question_bank 数据表中 id 值与其相同的题目，得到每条记录对应分题目类型。这里需要用到自然连接。

判断题数等在数据表中没有直接的数据，但是 qid 对应 question_bank 中的 id，而 question_bank 中存有题目类型（type）数据，因此需要用到自然连接。

自然连接分为内连接、左外连接、右外连接和全连接。

1) 内连接(inner join on/join on)

内连接查询返回满足条件的所有记录，默认情况下没有指定任何连接则为内连接，例如：

```
SELECT pingshifen_question_record.*,pingshifen_question_bank.type
FROM pingshifen_question_bank
JOIN pingshifen_question_record ON pingshifen_question_bank.id = pingshifen_question_record.qid
```

2) 左外连接(left join on)

左外连接查询不仅返回满足条件的所有记录，而且还会返回不满足连接条件的连接操作符左边表的其他行，例如：

```sql
SELECT pingshifen_question_record.*, pingshifen_question_bank.type
FROM pingshifen_question_bank
LEFT JOIN pingshifen_question_record ON pingshifen_question_bank.id = pingshifen_question_record.qid
```

3) 右外连接(right join on)

右外连接查询不仅返回满足调价的所有记录,而且还会返回不满足连接条件的连接操作符右边表的其他行,例如:

```sql
SELECT pingshifen_question_record.*, pingshifen_question_bank.type
FROM pingshifen_question_bank
RIGHT JOIN pingshifen_question_record ON pingshifen_question_bank.id = pingshifen_question_record.qid
```

4) 全连接(full join on)

全连接查询不仅返回满足调价的所有记录,而且还会返回不满足连接条件的其他行,例如:

```sql
SELECT pingshifen_question_record.*, pingshifen_question_bank.type
FROM pingshifen_question_bank
FULL JOIN pingshifen_question_record ON pingshifen_question_bank.id = pingshifen_question_record.qid
```

以 judge_count 为例,查询判断题数的具体代码如下:

```php
//查询判断题数
$data['judge_count'] = $RECORD
    -> join('pingshifen_question_bank ON pingshifen_question_bank.id = pingshifen_question_record.qid')  //自然连接
    -> where(['uid' => $uid, 'pingshifen_question_bank.type' => 1])  //type=1 代表判断题
    -> count();
```

single_count 和 multiple_count 对应的查询语句类似,只是将查询条件中 type 的值改为 2 和 3。

将获取到的 right_count、wrong_count、single_count、multiple_count 和 judge_count 值保存在 data 数组中,然后使用 create()方法生成符合数据库格式的数组,并存入 pingshifen_homework_statistics 数据表中。

观看视频

### 2. 前端代码完善

写完 update_homework_statistic()方法后,在 statistic.wxml 文件中添加一个 button 用于更新做题数据,具体代码如下:

```html
<button class="weui-btn" type="primary" bindtap='bind_update_statistic'>更新做题情况</button>
```

其中,bind_update_statistic()函数代码具体如下:

```
bind_update_statistic:function(){
    let that = this
    if (this.data.uid == undefined) {
      return
    }
    wx.request({
      url: userUrl + 'update_homework_statistic',
      data: {
        'uid': that.data.uid
      },
      success: function (res) {
        that.setData({
          'statistic': res.data
        })
        console.log('http返回结果', res)
      },
      fail: function (res) {
        console.log('请求失败', res)
      }
    })
},
```

写完后，重新编译 doudouyun 项目，单击"查看做题情况"按钮，可以看到调试器中打印出后台返回值，如图 9-7 所示。

```
http返回结果                                                          statistic.js? [sm]:55
▼{data: {…}, header: {…}, statusCode: 200, cookies: Array(1), errMsg: "request:ok"}
  ▶cookies: ["PHPSESSID=nj25bu4dettuuu7pu6gc3pet5c; path=/"]
  ▼data:
      judge_count: "0"
      multiple_count: "1"
      right_count: "3"
      single_count: "10"
      uid: "15948"
      wrong_count: "8"
    ▶__proto__: Object
  errMsg: "request:ok"
  ▶header: {Date: "Fri, 31 Mar 2023 09:12:21 GMT", Server: "Apache/2.4.54 (Win64) PHP/8…
  statusCode: 200
```

图 9-7　查看做题情况 API 返回值

同时，可以看到数据库中 pingshifen_homework_statistics 表中成功插入了对应的一条记录，如图 9-8 所示。

| ←T→ | | | uid<br>用户id | right_count<br>做对的题数 | wrong_count<br>做错的题数 | single_count<br>单选题数 | multiple_count<br>多选题数 | judge_count<br>判断题数 |
|---|---|---|---|---|---|---|---|---|
| □ | ✎编辑 ᴤᵢ复制 | ⊖删除 | 15948 | 3 | 8 | 10 | 1 | 0 |

图 9-8　做题记录插入成功

把请求返回值显示在 statistic 页面，其中总做题数＝正确题数＋错误题数，修改后 statistic.wxml 代码如下：

```
<view class = "weui-cells weui-cells_after-title">
    <view class = "weui-cell" aria-role = "option">
```

```
        <view class = "weui-cell__bd">总做题数</view>
        <view class = "weui-cell__ft">{{statistic.right_count * 1 + statistic.wrong_count * 1}}</view>
      </view>
      <view class = "weui-cell" aria-role = "option">
        <view class = "weui-cell__bd">正确题数</view>
        <view class = "weui-cell__ft">{{statistic.right_count}}</view>
      </view>
      <view class = "weui-cell" aria-role = "option">
        <view class = "weui-cell__bd">单选题数</view>
        <view class = "weui-cell__ft">{{statistic.single_count}}</view>
      </view>
      <view class = "weui-cell" aria-role = "option">
        <view class = "weui-cell__bd">多选题数</view>
        <view class = "weui-cell__ft">{{statistic.multiple_count}}</view>
      </view>
      <view class = "weui-cell" aria-role = "option">
        <view class = "weui-cell__bd">判断题数</view>
        <view class = "weui-cell__ft">{{statistic.judge_count}}</view>
      </view>
    </view>
    <button class = "weui-btn" type = "primary" bindtap = 'bind_update_statistic'>更新做题情况</button>
```

重新编译后,单击"查看做题情况"按钮,进入"做题情况"页面,如图9-9所示。在"课程练习"模块再做几道题目,进入"做题情况"页面,单击"更新做题情况"按钮,可以看到数据得到了更新,如图9-10所示。

图9-9 查看做题情况结果

图9-10 更新做题情况结果

## 9.2 阿里云环境配置

要完成阿里云端的云服务器的配置,需要先注册一个阿里云的账号,注册地址为 https://account.aliyun.com/register/qr_register.htm?oauth_callback=https%3A%2F%2Fwww.aliyun.com%2F。

### 9.2.1 安装 Xshell 和 Xftp

观看视频

注册完阿里云账号后,登录阿里云,进入首页后,单击右上角的账户头像进入个人主页,在基本信息一栏的右边有"学生认证",单击后根据提示完成学生认证,可以享受优惠,如图 9-11 所示。

图 9-11 阿里云账号中心页面

完成学生认证后,将鼠标指针悬停在"学生认证"按钮上会弹出提示框,单击提示框里的"查看详情"链接进入"学生验证"页面,单击"马上领取"按钮,再单击"免费领取"按钮可以免费购买一台 ECS,如图 9-12 所示,这里的操作系统以"CentOS/CentOS 7.9 64 位"为例,读者可以根据自己的实际情况选择。

在支付成功的页面单击"管理控制台",然后在页面上方选择刚刚购买的服务器的地址,就可以看到创建成功的服务器,如图 9-13 所示。此时手机也会收到云服务器创建成功的短信通知,我们需要记下其中的公网 IP 地址,后面会用到。

单击右侧的"管理",再单击"重置实例密码",如图 9-14 所示,输入密码之后重启服务器即可。

接下来开始安装 Xshell 和 Xftp,其官方网站地址为 https://www.netsarang.com/en/xshell-download/。进入官方网站,单击右侧的 Free Licensing Page,跳转页面后往下拉,看到如图 9-15 所示的填写框,填写姓名和邮箱,勾选 Both 复选框后单击 DOWNLOAD 按钮,这时邮箱会收到下载链接,打开邮箱单击链接即可下载。

两个软件的页面分别如图 9-16 和图 9-17 所示。单击 Xshell 的"新建"按钮,名称可以自己填,主机要填之前记下的公网 IP 地址,单击"确定"按钮,再双击创建的会话,输入用户名为 root,选择记住用户名,再输入之前为云服务器设置的密码,单击"确定"按钮,会话就连接成功了。

如图 9-18 所示,出现 root 以及实例对应名称时,就说明会话建立成功了。

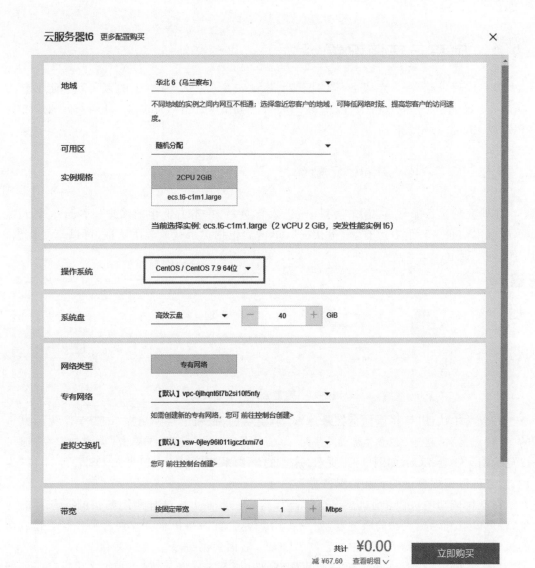

图 9-12 免费领取 ECS

图 9-13 查看实例

第9章 接口开发与云平台

图 9-14 重置实例密码

图 9-15 获取下载链接

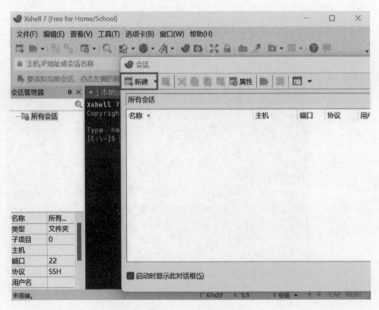

图 9-16 Xshell 页面

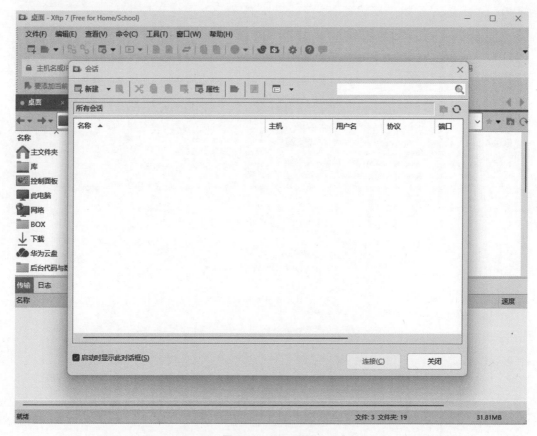

图 9-17　Xftp 页面

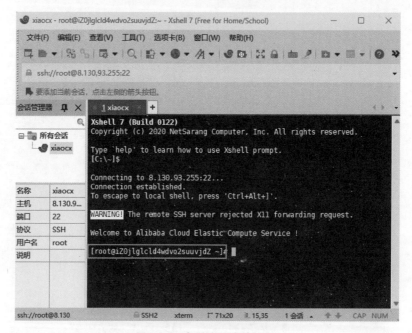

图 9-18　会话建立成功页面

## 9.2.2 安装后台相关环境

后台环境即阿里的云服务器上需要安装 MySQL、Apache 和 PHP。MySQL 和 Apache 最好是首先进行安装的,因为在配置 PHP 时需要与 MySQL 和 Apache 进行关联配置和测试。

首先是 MySQL 的安装,在会话页面进行,具体的操作流程与命令为:

(1) 下载 mysql-service 文件。

wget http://dev.mysql.com/get/mysql-community-release-el7-5.noarch.rpm

(2) 安装 mysql-service 文件。

rpm -ivh mysql-community-release-el7-5.noarch.rpm

(3) 安装 MySQL(中途输入 y 以同意)。

yum install mysql-community-server

(4) 启动 MySQL 服务。

service mysql restart

(5) 进入 MySQL。

mysql -uroot

(6) 初步安装的 MySQL 是没有密码的,用户名默认是 root,所以需要修改密码:

set password for 'root'@'localhost' = password('「你要设置的密码」');

退出 MySQL 的命令为\q,设置密码后进入 MySQL 的命令为 mysql -uroot -p,此时会要求输入密码,输入完后按 Enter 键即可进入。

接下来是安装 Apache,与 MySQL 类似,具体的操作流程与命令为:

(1) 安装。

yum install httpd

(2) 启动。

service httpd start

(3) 查看运行状态命令。

service httpd status

(4) 重启。

service httpd restart

接下来要配置端口允许被访问,允许公网访问服务器。回到云服务器控制平台,如图 9-19 所示,在左侧选择"安全组",然后单击"配置规则",在"安全组规则"页面单击"快速添加",勾选 HTTP(80) 和 HTTPS(443) 复选框,单击"确定"按钮,如图 9-20 所示。

此时在浏览器里面输入服务器的公网 IP 地址,弹出如图 9-21 所示的页面,就说明服务器可以被公网访问到,Apache 也就配置成功了。

图 9-19 网络安全组配置规则

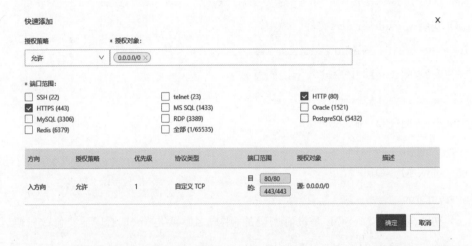

图 9-20 快速添加安全组规则

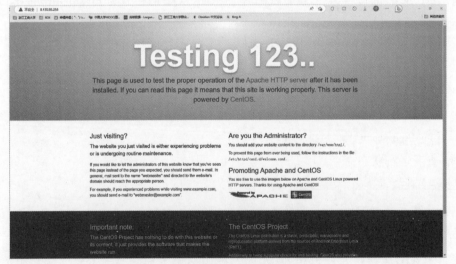

图 9-21 公网 IP 访问服务器成功页面

最后是安装 PHP，同样地，其具体的操作流程与命令为：

(1) 安装。

```
yum install php
```

(2) 重启 httpd。

service httpd restart

(3) 在默认路径/var/www/html/下建立一个 test.php 文件。

cd /var/www/html/
vi test.php

(4) 输入以下内容：

<?php
phpinfo()
;
?>

在 vim 编辑器里面按 I 键进入 insert 模式就可以输入内容，按 Esc 键退出该模式，最后输入：wq 保存并退出文件。此时在刚刚输入浏览器地址框的 IP 地址后面加上/test.php，如果看到 phpinfo 页面就说明 PHP 安装成功了，如图 9-22 所示。

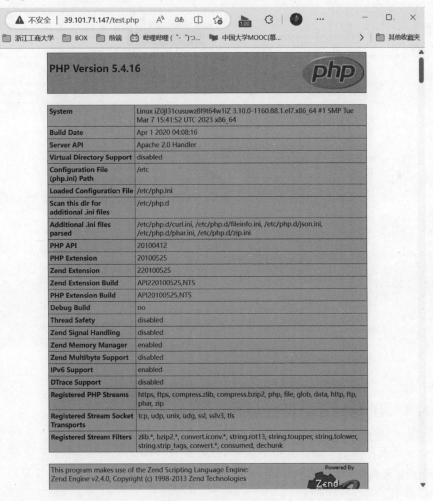

图 9-22　phpinfo 页面

接下来是关联 PHP 和 MySQL,安装相关模块,具体的操作流程与命令为:
(1) 安装相关模块。

yum install php-mysql php-gd php-imap php-ldap php-odbc php-pear php-xml php-xmlrpc

(2) 重启 httpd。

service httpd restart

此时,可以打开 Xftp,跟 Xshell 一样新建会话,输入名称和主机地址,填写用户名和密码,单击"确定"按钮就可以建立会话,可以在其上的搜索框中输入刚刚建立 test.php 的文件目录,即/var/www/html,就能看到 test.php 文件,可以右击→用记事本编辑,就能看到里面的内容,如图 9-23 所示。

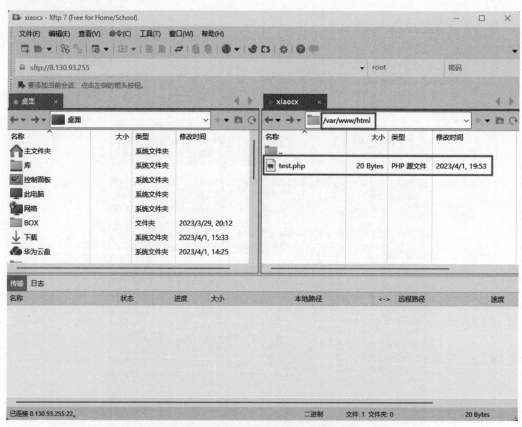

图 9-23 用 Xftp 查看远程服务器目录

### 9.2.3 在阿里云上搭建豆豆云后台

观看视频

在 Xftp 页面左侧是本地计算机的文件,找到后台代码 1 文件夹,将其直接复制到右侧的与 test.php 文件同级目录下,如图 9-24 所示。同时将 pingshifen.sql 文件复制到服务器的/root 目录下。

接下来导入数据库,在 Xshell 中进行,具体的操作流程与命令为:

# 第9章 接口开发与云平台

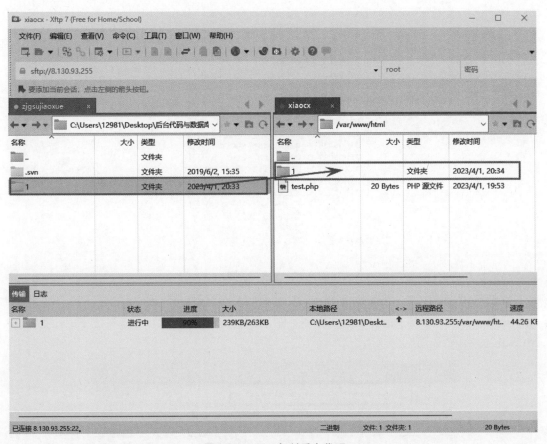

图 9-24　Xftp 复制后台代码

(1) 登录 MySQL。

mysql -uroot -p

输入密码。

(2) 创建数据库。

create database pingshifen;(库名任意)

(3) 选择数据库。

use pingshifen;

(4) 设置数据库编码。

set names utf8;

(5) 导入数据(注意 sql 文件的路径)。

source /root/pingshifen.sql

成功导入数据库后,可以使用 show tables;命令来查看数据表,如图 9-25 所示。关于数据库的一些其他操作,有显示数据表的结构(describe 表名);显示表中记录(SELECT * FROM 表名;)。

```
+-------------------------------+
| Tables_in_pingshifen          |
+-------------------------------+
| pingshifen_app_info           |
| pingshifen_class              |
| pingshifen_course             |
| pingshifen_question           |
| pingshifen_question_bank      |
| pingshifen_question_chapter   |
| pingshifen_question_collection|
| pingshifen_question_count     |
| pingshifen_question_record    |
| pingshifen_question_set       |
| pingshifen_student            |
| pingshifen_teacher            |
| pingshifen_weixin             |
+-------------------------------+
13 rows in set (0.00 sec)

mysql> 
```

图 9-25　查看数据表

在后台代码中，有一些地方需要修改，如图 9-26 所示，修改/var/www/html/1/Application/Api/Conf 下的 config. php 文件，右击→用记事本编辑，在密码一栏填写 MySQL 的密码，如图 9-27 所示。

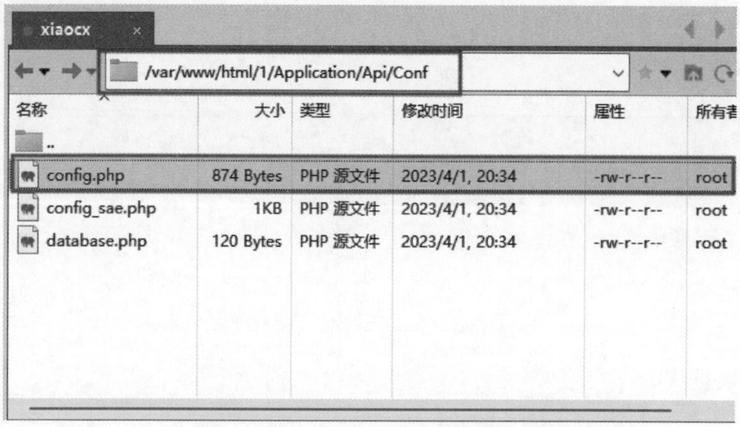
xiaocx
/var/www/html/1/Application/Api/Conf
名称
大小
类型
修改时间
属性
所有者
..
config.php
874 Bytes
PHP 源文件
2023/4/1, 20:34
-rw-r--r--
root
config_sae.php
1KB
PHP 源文件
2023/4/1, 20:34
-rw-r--r--
root
database.php
120 Bytes
PHP 源文件
2023/4/1, 20:34
-rw-r--r--
root

图 9-26　config. php 文件目录

同样地，打开/var/www/html/1/Application/Common/Conf 下的 config. php，添加 MySQL 的密码，另外还要将其中的 AppID 跟 AppSecret 改成自己的，如图 9-28 所示。

现在要去 http://8. 130. 93. 255/1/index. php/Page/Index/register 和"http://8. 130. 93. 255/1/index. php/Api/User/createCourse? appid = 123&courseName = 1028 教学 &questionSet=1012&creater=大佬"注册账号与申请课程号，注意，要将其中的 IP 地址改为自己服务器的公网 IP 地址。注册账号是会报如图 9-29 所示的错误，这是因为 Runtime 的权限还不够。在 Xshell 里面输入\q 退出 MySQL，输入 cd /var/www/html/1 进入 Runtime 所在目录，再使用 sudo chmod -R 777 Runtime 修改 Runtime 权限。现在就可以注册账号了。

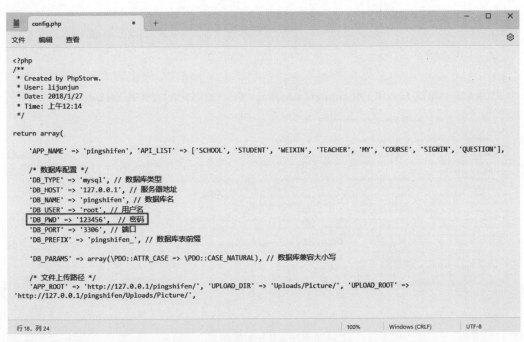

图 9-27　修改 config.php 中的密码

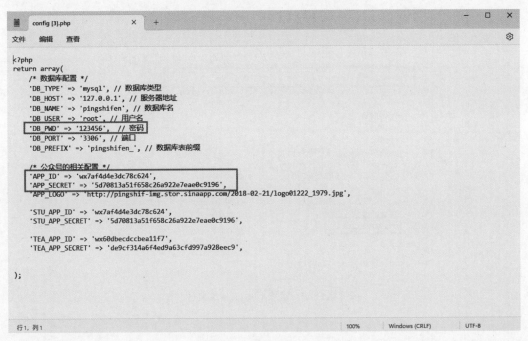

图 9-28　修改 config.php

现在打开微信开发者工具,将 config.js 中的 apiUrl 中的 IP 地址换成服务器的 IP 地址,再修改 courseId,如图 9-30 所示,单击编译后,小程序就可以运行了。

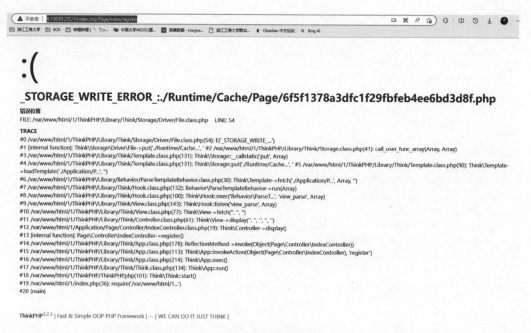

图 9-29 注册账号报错

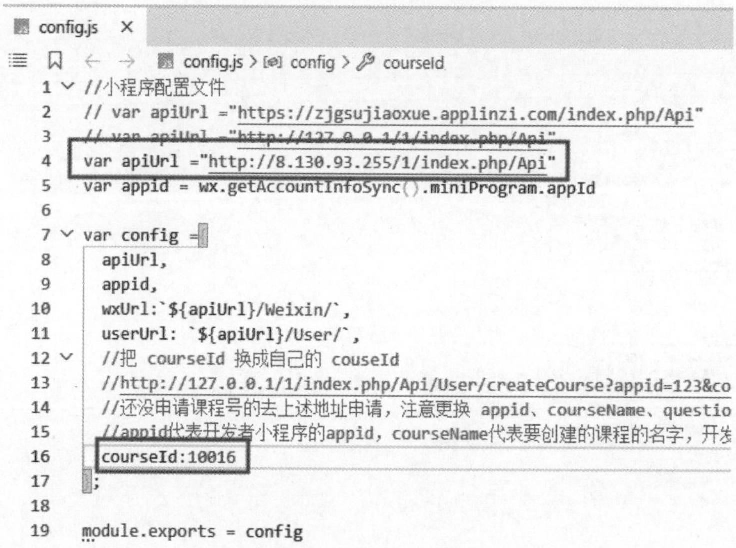

图 9-30 修改 config.js 文件

## 9.3 作业思考

### 一、讨论题

1. 查看做题情况的按钮放在 index 页面和 myinfo 页面，js 代码有何区别？
2. 后台代码中如何实例化 pingshifen_homework_statistic 数据表？

3. 数据库语句中 left join 和 right join 有什么区别?
4. 模仿正确题数的查找,思考后台代码如何查找总做题数。
5. 为什么需要将后台代码传至云端?
6. 管理代码与 git 管理代码有什么优缺点?
7. 近年来,云服务器发展迅速,你知道目前有哪些主流的云服务器?

## 二、单选题

1. 在下载文件时,如果服务器没有响应,会执行以下(　　)代码。

    A. 进入 success() 回调函数,获得 statusCode 为 200

    B. 进入 success() 回调函数,获得 statusCode 为 404

    C. 进入 fail() 回调函数

    D. 超时无响应,不执行后续代码

2. 以下(　　)域名符合小程序网络请求的域名配置要求。

    A. https://localhost            B. http://www.test.com

    C. https://www.test.com         D. https://210.45.192.101

3. 关于带有网络请求的小程序,以下描述(　　)是不正确的。

    A. 必须把域名地址配置到白名单中才能在微信开发者工具中运行

    B. 必须联网状态下才能实现请求

    C. 域名地址尚未配置也可以在开发者工具中运行,但需要勾选"不检验合法域名"复选框

    D. 域名地址尚未配置不可以正式发布线上版本

4. 已知小程序中网络请求的语法结构如下:

```
wx.request({
    url:'...',
    data:{
        ...
    },
    success:function(res){
        ...
    }
})
```

其中关于参数 data 的描述不正确的是(　　)。

    A. data 是必填内容,不可以删除

    B. data 的大括号内部可以空着不填写任何内容

    C. data 的大括号内部可以填写 1 个或多个"名称/值"

    D. data 是用于为请求的地址附带请求参数的

5. 关于学习小程序网络请求时的服务器情况,以下说法不正确的是(　　)。

    A. 可以是自己搭建的服务器

    B. 可以是第三方服务器

    C. 后端语言不限,可以是 PHP、Node.js 或 Java 等

D. 后端必须搭配 MySQL 数据库

6. 以下正确表达 id >= 100 查询条件的是（　　）。

   A. $map['id'] = array('egt',100);

   B. $map['id'] = array('neq',100);

   C. $map['id'] = array('lt',100);

   D. $map['id'] = array('gt',100);

7. url 为 https://zjgsujiaoxue.applinzi.com/index.php/Api/User/current，其中 Api/User/current 代表（　　）。

   A. Api/User/current 是 API 位置

   B. Api/User/current 是文件入口位置

   C. Api/User/current 是服务器位置

   D. Api/User/current 是控制器位置

8. 以下关于 delete()方法的说法错误的是（　　）。

   A. $User-> where('1')-> delete();  //删除表中所有数据

   B. $User-> where('id=5')-> delete();  //删除 id 为 5 的用户数据

   C. $User-> delete('1,2,5');  //删除第 1,2,5 行的用户数据

   D. $User-> where('status=0')-> delete();  //删除所有状态为 0 的用户数据

9. 关于以下快捷查询的方法实现的查询条件是（　　）。

```
$ User = M("homeworkStatistics");
$ map['uid|course_id'] = '251314';
// 把查询条件传入查询方法
$ User -> where( $ map) -> select();
```

   A. uid|course_id = '251314'

   B. uid= 'thinkphp' AND course_id <> '251314'

   C. uid= 'thinkphp' AND course_id = '251314'

   D. uid= 'thinkphp' OR course_id = '251314'

10. 微信小程序向后台请求数据时关于 method：'POST'和 method：'GET'，以下说法错误的是（　　）。

    A. GET 是用来从服务器上获得数据，而 POST 是用来向服务器上传递数据

    B. GET 是不安全的，因为在传输过程，数据被放在请求的 url 中

    C. GET 传输的数据量大，这主要是因为受 url 长度限制；而 POST 可以传输少量的数据，所以在上传文件只能使用 GET

    D. 使用 POST 传输的数据，可以通过设置编码的方式正确转换为中文；而 GET 传输的数据却没有变化

# 第10章

# 初始云开发及实战

## 云上安全（使用云开发）

"万物皆可云"时代，云安全比任何时候都更重要！阿里在搭建自己的云服务体系之初就未雨绸缪，阿里的神盾局主打安全防御，业务不仅覆盖了整个公司，而且与众多政府职能部门紧密合作，向商业伙伴输出安全风控能力，每天抵挡来自全球超过数十亿次的黑客攻击。传闻，曾经有一个黑客突破了阿里的第一层防火墙，他的计算机屏幕上随即跳出一行大字："来阿里上班吧，月薪两万"。黑客不为所动，继续突破到第二层，计算机上又出现了另一行字："来阿里上班吧，你来当主管，月薪十万"，同时，他自己的定位坐标也随之显现。黑客彻底折服，知道自己根本不是阿里神盾局的对手，没有再继续突破下去，乖乖被阿里"收入囊中"，成为了神盾局中的一员。

阿里云 IDaaS 入选 Gartner《2022 中国网络安全技术成熟度曲线》，这并非阿里云 IDaaS 首次入围 Gartner 相关报告，早在 2021 年，阿里云 IDaaS 获得 Gartner *Magic Quadrant for Access Management* 魔力象限提名，打破了多年来国内无厂商进入报告的现状，实现零突破。公有云服务最重要的就是安全，阿里云在官方网站上也将安全问题作为最大卖点来宣传，称累计防护全国网站 40%，每天抵御攻击 50 亿次，每年帮助用户修复 734 万个漏洞。

本章主要讲解如何使用云开发来开发微信小程序。与第 9 章的云平台相比，使用云开发来开发小程序无须搭建服务器，把安全交给更专业的云服务提供商来做，我们只需要关心如何使用云端能力。云开发为开发者提供完整的云端支持，弱化后端和运维概念，无须搭建服务器，使用平台提供的 API 进行核心业务开发，即可实现快速上线和迭代，这一能力同开发者已经使用的云服务相互兼容。本章将首先新建一个云开发项目，并简单介绍了云开发控制台；接下来进行云开发数据库的搭建，讲授了云函数的使用方法；最后将通过两个案例的实现对云平台知识的巩固。

观看视频

## 10.1 我的第一个云开发小程序

本节主要带着读者新建一个云开发项目,并简单了解云开发控制台。

### 10.1.1 新建云开发项目

打开微信开发者工具,选择新建项目,输入自己的 AppID,在"后端服务"栏选择"微信云开发"单选按钮,如图 10-1 所示,再单击"新建"按钮即可。

图 10-1 选择"微信云开发"单选按钮

新建完成后的页面如图 10-2 所示,可以看到主要的差别为 cloudfunctions 和 miniprogram 这两个目录,cloudfunctions 为云函数目录,在该目录下可以添加云函数,类似于后台的方法。在 miniprogram 目录下存放了与之前相同的所有前台代码文件。

图 10-2 云开发页面

### 10.1.2　开通云开发

单击左上角的"云开发"按钮,将会弹出开通云开发的选项,选择开通之后云开发控制台如图10-3所示。

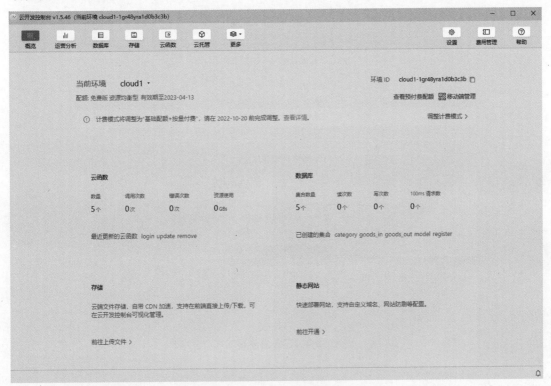

图10-3　云开发控制台

在开通云开发时,会提示创建环境,如图10-4所示。新用户首月是免费的,之后会变成19.9元/月,到期不会自动扣款。环境名称由自己填写即可,环境ID会自动生成。这里新建的环境相当于之前新浪云平台上创建的应用,作为后台的容器。

云环境创建好后,需要为云函数目录指定云环境,如图10-5所示,在cloudfunctions文件夹上右击选择环境。

在云开发的菜单栏有概览、运营分析、数据库、存储、云函数、云托管以及更多共7大板块。

其中,"数据库"页面如图10-6所示,云开发的数据库以集合的概念代替之前数据库里表的概念,单击左侧"＋"按钮可以创建新的集合,云开发数据库同时支持直接导入或者导出数据库。

首先熟悉一下云函数的概念,在模拟器页面单击云函数,可以看到"获取OpenId"字样,单击"获取OpenId"后会出现如图10-7所示的错误提示。

这是因为没有定义云环境ID,需要在pages下面的envList.js里加上对envId的定义,

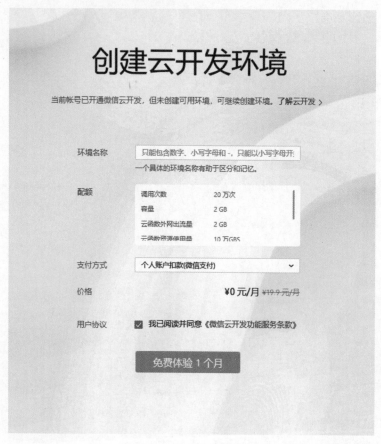

图 10-4 云开发新建环境

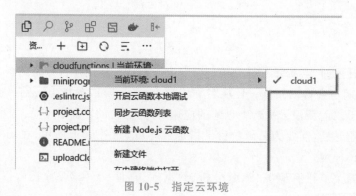

图 10-5 指定云环境

如图 10-8 所示。

其中,云环境的环境 ID 可以在工具栏"云开发"里面的"概览"进行复制,如图 10-9 所示。

现在单击"获取 OpenId"后会进入其中的页面,可以看到相同字样的按钮,单击它会跳出如图 10-10 所示的调用失败的提示,提醒云环境还未检查 quickstartFunctions() 云函数是否已部署。

第10章 初始云开发及实战

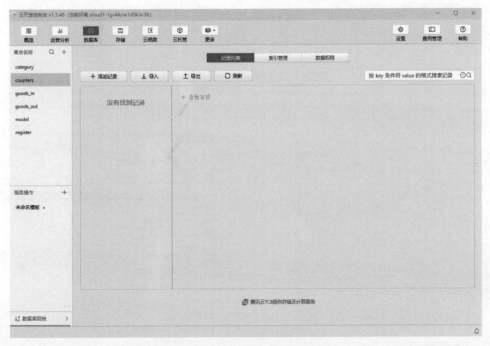

图 10-6 云开发"数据库"页面

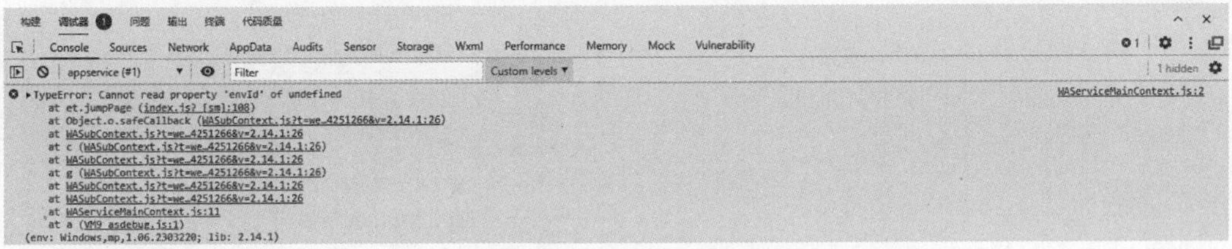

图 10-7 错误提示

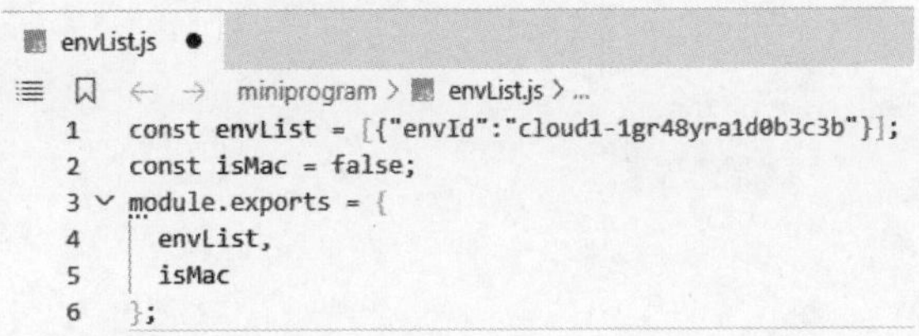

图 10-8 定义 envId

图 10-9 云环境 ID

由此可知在调用云函数时,首先需要对云函数进行部署,双击打开cloudfunctions目录,右击quickstartFunctions,选择"上传并部署:云端安装依赖(不上传node_modules)"上传并部署quickstartFunctions()云函数,如图10-11所示。

部署完成后,可以在云开发控制台上的云函数列表中找到所部署的quickstartFunctions()函数,如图10-12所示。

重新编译代码,单击"获取OpenId",即可成功调用云函数获取OpenId。

图10-10　quickstartFunctions()云函数调用失败　　　图10-11　上传并部署云函数

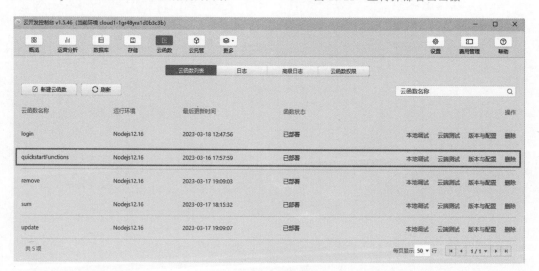

图10-12　云函数列表

## 10.2 云开发数据库指引

观看视频

云开发提供了一个文档数据库,因为数据库中的每条记录都是一个 JSON 格式的对象,所以也叫 JSON 数据库。一个数据库可以有多个集合(相当于关系型数据中的表),集合可看作一个 JSON 数组,数组中的每个对象就是一条记录,记录的格式是 JSON 对象。

关系数据库和文档数据库的概念对应关系如表 10-1 所示。

表 10-1 关系数据库与文档数据库的概念对应关系

| 关系数据库 | 文档数据库 | 关系数据库 | 文档数据库 |
| --- | --- | --- | --- |
| 数据库(database) | 数据库(database) | 行(row) | 记录(record/doc) |
| 表(table) | 集合(collection) | 列(column) | 字段(field) |

本节主要通过单击"数据库"按钮,根据提示来学习云开发中数据库的使用方法,如图 10-13 所示。

图 10-13 数据库操作指引

数据库操作大多需要用户的 OpenId,所以需要单击"点击获取 OpenId"获取用户的 OpenId,然后开始数据库操作的指引。

### 10.2.1 新建集合

当单击前端页面"数据库"选项时,小程序会自动创建名为 sales 的集合。其具体逻辑为当用户单击"数据库"选项并且 sales 集合不存在时，调用 onClickDatabase()函数，在此函数中会调用 quickstartFunctions()云函数里的 createCollection()方法，以下是该方法的具体代码：

```javascript
const cloud = require('wx-server-sdk');
cloud.init({
  env: cloud.DYNAMIC_CURRENT_ENV
});

const db = cloud.database();
  //创建集合云函数入口函数
  exports.main = async (event, context) => {
    try {
      //创建集合
      await db.createCollection('sales');
      await db.collection('sales').add({
      //data 字段表示需新增的 JSON 数据
        data: {
          region: '华东',
          city: '上海',
          sales: 11
        }
      });
      await db.collection('sales').add({
      //data 字段表示需新增的 JSON 数据
        data: {
          region: '华东',
          city: '南京',
          sales: 11
        }
      });
      await db.collection('sales').add({
        //data 字段表示需新增的 JSON 数据
        data: {
          region: '华南',
          city: '广州',
          sales: 22
        }
      });
      await db.collection('sales').add({
        //data 字段表示需新增的 JSON 数据
        data: {
          region: '华南',
          city: '深圳',
          sales: 22
        }
      });
      return {
        success: true
      };
```

```
    } catch (e) {
//这里 catch 到的是该 collection 已经存在,从业务逻辑上来说是运行成功的,所以 catch 返回
//success 给前端,避免工具在前端抛出异常
      return {
        success: true,
        data: 'create collection success'
      };
    }
  };
```

const db = wx.cloud.database()代表设置一个变量名为 db,用来存储云开发数据库里的全部内容。db.createCollection.('sales')表示创建 sales 集合,db.collection('sales').add 表示对数据库里的 sales 集合进行 add 操作,即添加记录的操作。

### 10.2.2 更新记录

返回首页,单击"更新记录"进入相应页面,单击"修改数据",将销量数据修改后单击"更新"执行本地 updateRecord()函数并调用云端 updateRecord()函数,之后就可以在"云开发控制台"→"数据库"→"记录列表"中进行查看。

updateRecord()本地函数具体代码为:

```
updateRecord() {
    wx.showLoading({
      title: '',
    });
    wx.cloud.callFunction({
      name: 'quickstartFunctions',
      config: {
        env: this.data.envId
      },
      data: {
        type: 'updateRecord',
        data: this.data.record
      }
    }).then((resp) => {
      wx.navigateTo({
        url: `/pages/updateRecordSuccess/index`,
      });
      wx.hideLoading();
    }).catch((e) => {
      console.log(e);
      this.setData({
        showUploadTip: true
      });
      wx.hideLoading();
    });
  },
```

updateRecord()云函数入口函数具体代码为:

```js
//修改数据库信息云函数入口函数
exports.main = async (event, context) => {
  try {
    // 遍历修改数据库信息
    for (let i = 0; i < event.data.length; i++) {
      await db.collection('sales').where({
        _id: event.data[i]._id
      })
        .update({
          data: {
            sales: event.data[i].sales
          },
        });
    }
    return {
      success: true,
      data: event.data
    };
  } catch (e) {
    return {
      success: false,
      errMsg: e
    };
  }
};
```

### 10.2.3 查询记录

返回首页,单击"查询记录",再单击"查询记录"按钮,执行 getRecord()本地函数,调用 selectRecord()云函数,数据库中的内容就会显示在前端。

getRecord()本地函数具体代码:

```js
getRecord() {
    wx.showLoading({
      title: '',
    });
    wx.cloud.callFunction({
      name: 'quickstartFunctions',
      config: {
        env: this.data.envId
      },
      data: {
        type: 'selectRecord'
      }
    }).then((resp) => {
      this.setData({
```

```
      haveGetRecord: true,
      record: resp.result.data
    });
    wx.hideLoading();
  }).catch((e) => {
    console.log(e);
    this.setData({
      showUploadTip: true
    });
    wx.hideLoading();
  });
},
```

selectRecord()云函数入口函数为:

```
exports.main = async (event, context) => {
  //返回数据库查询结果
  return await db.collection('sales').get();
};
```

在这段代码中 db.collection('sales').get()表示返回 sales 集合中所有的内容。另外,可以给 get 加限制条件 where,例如: db.collection('sales').where({_openid: this.data.openid}).get 中的 where 表示查询的条件,get 表示返回满足 where 条件的全部记录。

### 10.2.4 聚合操作

返回首页,单击"聚合操作"选项,单击"聚合记录"按钮,执行 sumRecord()本地函数,跳转到 sumRecordResult 下的 index 页面,该页面的 onLoad()函数调用云函数 sumRecord(),具体代码为:

```
const cloud = require('wx-server-sdk');

cloud.init({
  env: cloud.DYNAMIC_CURRENT_ENV
});
const db = cloud.database();
const $ = db.command.aggregate;

//聚合记录云函数入口函数
exports.main = async (event, context) => {
  //返回数据库聚合结果
  return db.collection('sales').aggregate()
    .group({
      _id: '$region',
      sum: $.sum('$sales')
    })
    .end();
};
```

观看视频

## 10.3 快速新建云函数

云函数是一段运行在云端的代码,无须管理服务器,在开发工具内编写、一键上传部署即可运行后端代码。

小程序内提供了专门用于云函数调用的 API。开发者可以在云函数内使用 wx-server-sdk 提供的 getWXContext()方法获取每次调用的上下文(AppId、OpenId 等),无须维护复杂的鉴权机制,即可获取天然可信任的用户登录状态(OpenId)。

本节带领读者创建一个简单的云函数来学习云开发中如何定义云函数。在云函数根目录 cloudfunctions 上右击,选择"新建 Node.js 云函数",并命名为 sum,如图 10-14 所示。之后在 sum 目录上右击,选择"上传并部署:云端安装依赖(不上传 node_modules)",上传并部署 sum 云函数。

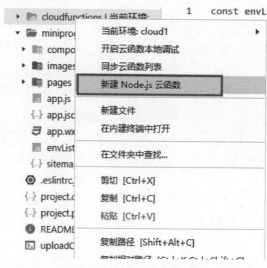

图 10-14 新建云函数 sum

在创建的 cloudfunctions/sum/index.js 文件中,将原有的云函数入口函数删除,然后添加如下代码:

```
//云函数入口函数
exports.main = async (event, context) => {
  try {
    return {
      sum: event.a + event.b
    }
  } catch(e){
    console.error(e);
  }
}
```

sum 云函数相对比较简单,主要用来实现两数相加的功能,在 pages 下的 index.js 文件中添加 testFunction 来调用 sum 云函数，具体代码如下：

```
testFunction() {
  wx.cloud.callFunction({
    name: 'sum',
    data: {
      a: 1,
      b: 2
    },
    success: res => {
      wx.showToast({
        title: '调用成功',
      })
      this.setData({
        result: JSON.stringify(res.result)
      })
    },
    fail: err => {
      wx.showToast({
        icon: 'none',
        title: '调用失败',
      })
      console.error('[云函数] [sum] 调用失败: ', err)
    }
  })
},
```

之后再在首页添加一个 button 按钮来绑定该函数，并将调用结果直接显示在页面上，如图 10-15 所示。

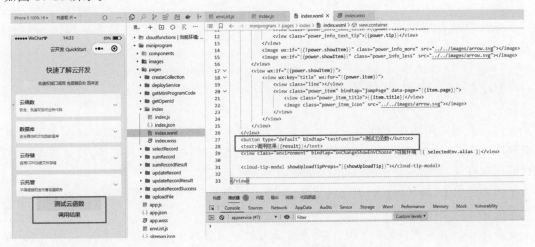

图 10-15　button 按钮与调用结果

完成上述操作后，重新编译，单击"测试云函数"按钮，可以查看到调用结果如图 10-16 所示。

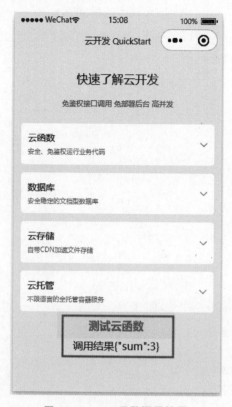

图 10-16　sum 函数调用结果

## 10.4　云开发案例讲解

本节简单介绍本书团队开发的两个云开发小程序案例,分别是待办事项和听写好助手。

观看视频

### 10.4.1　待办事项案例讲解

待办事项案例的功能类似于一个备忘录,本案例提供源代码,源代码可以在本书教学资料中下载,下载完成后解压缩代码包,在微信开发者工具中选择导入项目,找到待办事项代码所在目录,并填入自己的 AppID,如图 10-17 所示。

导入后单击"编译"按钮,发现有报错,如图 10-18 所示。根据错误提示可以看到是因为数据库集合不存在。

查看 todo.js 页面代码后发现,该案例需要用到一个名为 todos 的数据库集合,如图 10-19 所示。因此需要在云开发控制台上创建一个新的集合,名为 todos,如图 10-20 所示,单击"确定"按钮即可完成 todos 集合的创建。

添加完成后重新编译代码,尝试输入一个事项,单击"添加"按钮即可,如图 10-21 所示。

# 第10章 初始云开发及实战

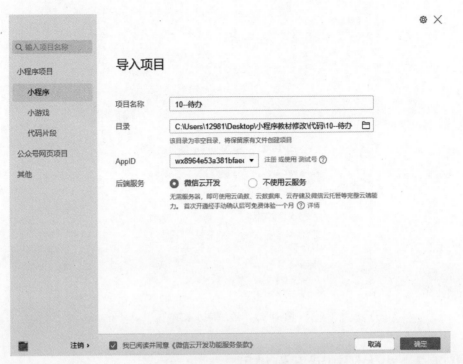

图 10-17 导入待办事项项目

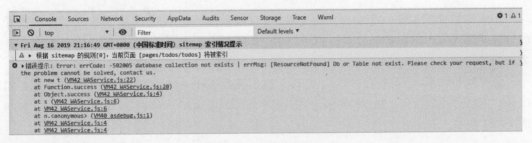

图 10-18 项目错误提示

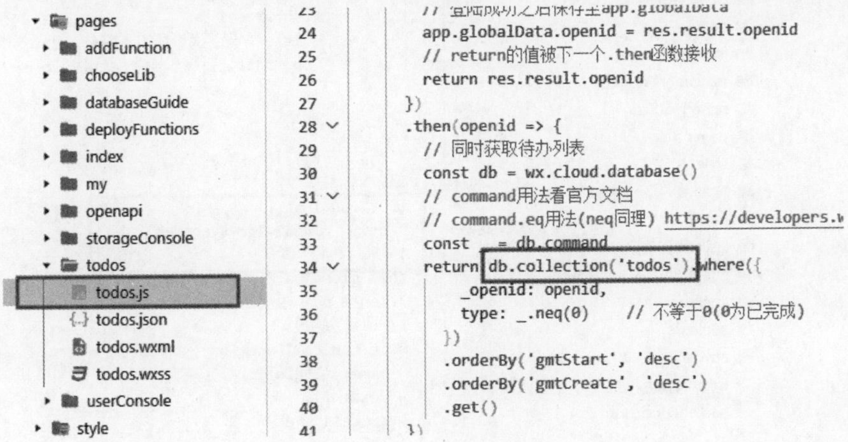

图 10-19 所需数据名

图 10-20　添加 todos 集合

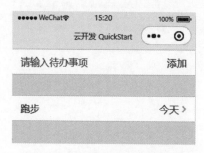

图 10-21　添加待办事项

### 10.4.2　小太阳粮储案例讲解

观看视频

　　小太阳粮储案例是一个功能较为完备、可以投入使用的小程序，主要应用于粮食仓库的管理。源代码可以在本书教学资料中下载，下载完成后解压压缩包，在微信开发者工具中选择导入项目，找到小太阳粮储代码所在目录，并填入自己的 AppID。

　　打开项目之后，会发现有报错，这是因为我们现在是在用自己的云环境对该项目进行调试，所以需要更改代码中的云环境 ID，具体是在 app.js 里面和 envList.js 里面，如图 10-22 和图 10-23 所示。

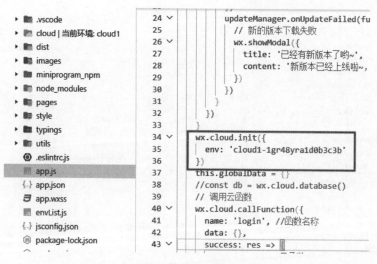

图 10-22　更换云环境 ID

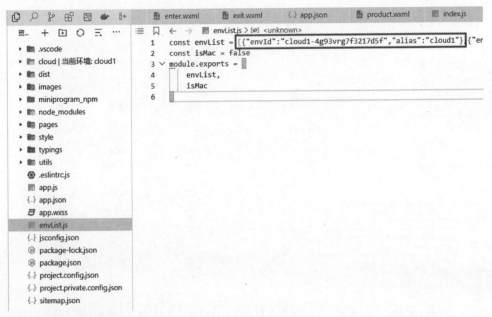

图 10-23　数据库文件

接下来创建数据库,打开云开发控制台→数据库,单击＋按钮创建如图 10-24 所示的集合。

最后,将 cloud 文件夹下的云函数全都上传并部署至云端,即可开始项目的调试。

在前端第一个页面是一个账号登录页面,需要输入账号和密码。该页面在 pages/login2/login2 目录下,打开 login2.js,找到实现登录的 login 函数。如图 10-25 所示,说明该函数是以 account 和 password 为关键字在 register 集合中进行索引找到账号信息来进

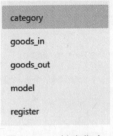

图 10-24　创建集合

行登录的,所以在 register 集合中添加记录,设置 account 和 password 字段值都为 1。另外,在 register 集合中还有其他需要用到的字段,这里一并添加,这些字段以及它们的类型分别为 key(string)、note(sting)、store(array)、supply(array),它们的值都先设为空,如图 10-26 所示,单击"确定"按钮。

现在在前端页面输入账号密码都为 1,单击"登录"按钮,仍然会提示"账号或密码错误!",这是由数据库的权限导致的。打开 register 集合,单击"数据权限",可以看到现在的 register 集合的数据权限是仅创建者可读写,如图 10-27 所示。

在该权限下,检索信息的同时也会检索用户微信账号的 OpenId,又因为此时 register 中的数据是手动添加的,并没有 OpenId 信息,当集合中的数据是通过.add()方法添加时才会自动添加 OpenId。

所以此时就有两种方法实现登录:第一种就是更改数据权限,在实际的开发中,要根据使用场景更改数据权限;第二种就是为刚刚创建的账号手动添加 OpenId 信息——从调试器的 Storage 复制 OpenId 值,打开 register 集合纪录列表,单击＋按钮添加字段,字段名称为_openid,粘贴值,单击"确定"按钮,现在就可以正常登录了。登录后首页如图 10-28 所示。

图 10-25　login 函数

图 10-26　register 集合添加记录

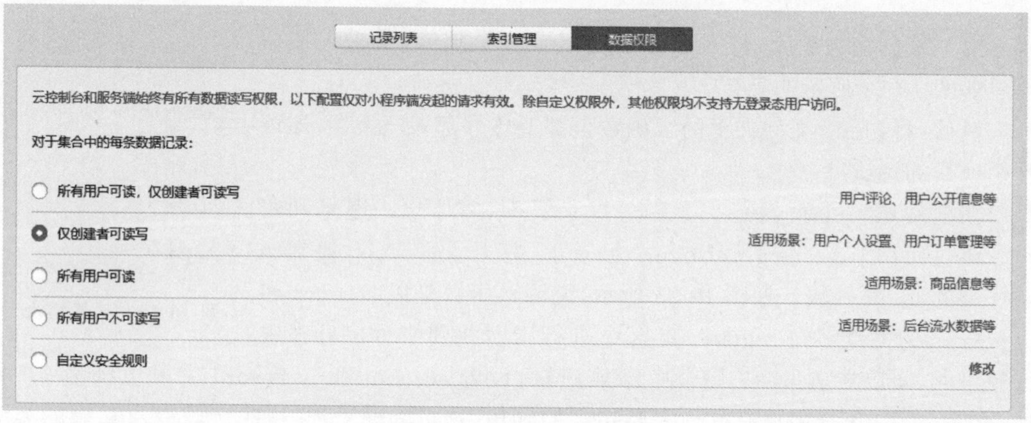

图 10-27　同步云函数列表

在入库登记之前,需要先登记产品。单击"我的",选择"产品管理",单击"新增产品",对任意的条形码扫一扫就可以获得产品编号,可以拿身边任意商品包装上的条形码进行尝试。产品名称和产品类别需要我们自己填写。

这里的产品类别现在还没有可选项,这是因为产品类别的选项数据是从 category 数据库中获取的。打开云开发控制台,进入 category 集合,添加记录后再添加字段 category,类型为 array,在这个数组里添加需要的产品类别,如图 10-29 所示,以后要用到什么产品类别都可以在这个数组里面添加。另外,还要将 pages/product/product.js 中第 53 行的 id 换成刚刚创建的记录中自动生成的_id。

单击"确定"按钮,重新编译后就可以选择产品类别,录入产品信息,如图 10-30 所示,单击"提交信息"按钮,弹出"提交成功"提示框就说明产品录入成功,可以在"产品管理"页面查看,新增产品如图 10-31 所示。

图 10-28 "小太阳粮储"首页

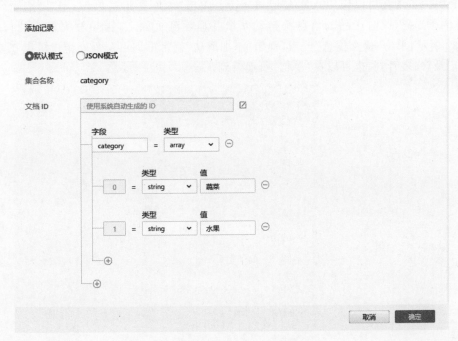

图 10-29 category 集合

另外还需添加供应商,与登记产品类似,回到"我的"页面,选择"仓库管理",单击"新增供应商"按钮,输入供应商名称之后单击"提交信息"按钮,显示"提交成功"提示框即可,可以在"仓库管理"页面看到。

图 10-30　录入产品信息　　　　图 10-31　新增产品

回到首页，现在可以使用入库登记功能了。单击"入库登记"，再扫一扫刚刚新增产品时扫过的条形码，此时产品的信息都自动获取并显示到页面上，再填写完剩下的信息，如图 10-32 所示，单击"提交信息"按钮，弹出"添加成功"提示框即可。入库记录可以在首页的"入库记录"列表看到，也可以在"单据"页面看到。

图 10-32　入库登记

入库登记完后就可以使用出库登记功能。回到首页,选择"出库登记",再次扫一扫之前的条形码自动获取产品信息,然后填写剩余信息,如图10-33所示,单击"提交信息"按钮,弹出"提交成功"提示框后即表示出库登记成功,出库记录可以在首页的"出库记录"列表看到,也可以在"单据"页面看到。

图10-33 出库登记

该小程序会根据出入库记录自动计算统计信息,在首页上端可以看到今日出入库情况,在统计页面也有近七日和近三个月的利润汇总。

### 10.4.3 听写好助手案例讲解

观看视频

听写小助手案例是一个功能较为完备、可以投入使用的小程序,主要应用于小学生在线听写生字词的场景。源代码可以在本书教学资料中下载,下载完成后解压缩代码包,在微信开发者工具中选择导入项目,找到听说好助手代码所在目录,并填入自己的AppID。

听写好助手的代码中使用了微信同声传译的插件,这是由于听写好助手需要将存在数据库中的文字转换为语音,因此要让代码正常运行起来,需要登录微信服务市场 https://fuwu.weixin.qq.com/service/detail/0000c6950745e87d6c5a143845c815,搜索"微信同声传译",如图10-34所示。单击"添加插件"按钮,选择要添加的AppId后单击"确定"按钮即可。

添加完插件后再进行重新编译,会发现还有报错,原因是云开发数据库里没有需要的课本对应的数据记录,因此需要进行数据库的导入。关于数据库文件本书教学资料中有提供下载,数据库文件具体如图10-35所示。其中,rn_11.json对应的是一年级上册的听写数据,rn_12.json对应的是一年级下册的听写数据,以此类推。

图 10-34 添加插件"微信同声传译"

| | | | |
|---|---|---|---|
| rn_11.json | 2019/5/31 19:52 | JSON 文件 | 5 KB |
| rn_12.json | 2019/6/3 10:36 | JSON 文件 | 8 KB |
| rn_21.json | 2019/6/3 10:36 | JSON 文件 | 9 KB |
| rn_22.json | 2019/6/3 10:37 | JSON 文件 | 15 KB |
| rn_31.json | 2019/6/3 10:39 | JSON 文件 | 13 KB |
| rn_32.json | 2019/6/3 10:39 | JSON 文件 | 13 KB |
| rn_41.json | 2019/6/3 10:40 | JSON 文件 | 13 KB |
| rn_42.json | 2019/6/3 10:41 | JSON 文件 | 13 KB |
| rn_51.json | 2019/6/3 10:47 | JSON 文件 | 11 KB |
| rn_52.json | 2019/6/3 10:47 | JSON 文件 | 10 KB |
| rn_61.json | 2019/6/3 10:47 | JSON 文件 | 9 KB |
| rn_62.json | 2019/6/3 10:48 | JSON 文件 | 6 KB |

图 10-35 数据库文件

打开云开发控制台→数据库,将数据库文件导入数据库,这里仅以 rn_11 为例,其他的操作类似,创建一个新的集合,命名为 rn_11,如图 10-36 所示。

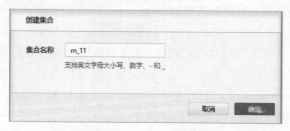

图 10-36 创建 rn_11 集合

单击"导入"按钮，弹出"导入数据库"页面，单击"选择文件"按钮，找到 rn_11 所在目录，导入 rn_11 集合，如图 10-37 所示。

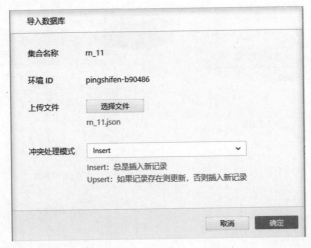

图 10-37　导入 rn_11 集合

rn_11 集合导入成功后，可以看到集合中每条记录所包含的字段，如图 10-38 所示。

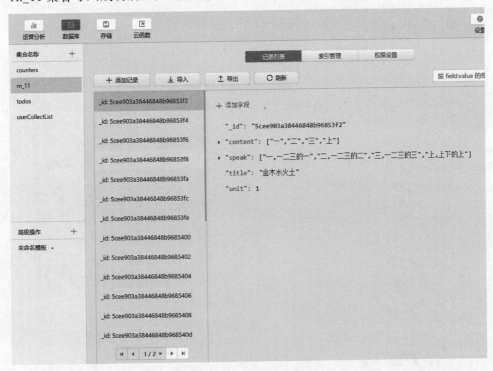

图 10-38　rn_11 集合导入完成

右击 cloudfunctions，选择"同步云函数列表"，如图 10-39 所示。完成同步云函数列表以及上传并部署 getContent() 和 getUserCollectList() 云函数操作，重新编译后选择一年级上册的书，即可实现听写功能。同样导入剩余的数据库集合即可实现所有书册的听写功能。

单击"部编版一年级上册",进入一年级上册"听写单元"页面,如图10-40所示。单击其中一个单元对应的铃铛,进入"语音听写"页面,如图10-41所示。

图10-39　同步云函数列表

图10-40　"听写单元"页面

单击"下一个"按钮,会弹出提示框,如图10-42所示,提示用户需要用录音功能。

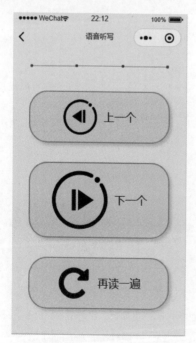

图10-41　"语音听写"页面

图10-42　提示使用录音功能

单击"允许"按钮,页面提示"正在播放",如图 10-43 所示。即可听到该单元第一个听写内容,语音内容可以在调试器中查看,如图 10-44 所示。

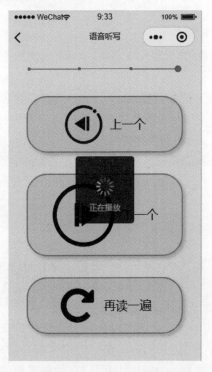

图 10-43　提示正在播放

```
---
▼{retcode: 0, origin: "一,一二三的一", filename: "https://a
 692&source=miniapp_plugin", expired_time: 1683706158}
    expired_time: 1683706158
    filename: "https://ao.weixin.qq.com/cgi-bin/mmasrai-bin
    origin: "一,一二三的一"
    retcode: 0
```

图 10-44　语音内容

一直单击"下一个"按钮,直到出现校对页面,如图 10-45 所示,用户可以在这个页面自行校对听写结果的正误,例如,"二"字听写错误,可以单击右侧圆圈选择"二",再通过单击"提交错题"按钮记录错题,便于错题回顾。

单击"提交错题"按钮,发现一直提示"提交中",无法成功提交错题,如图 10-46 所示。打开校对页面对应的页面路径 pages/chooseBook/chooseLesson/detail/detail.js,找到错题提交对应的 submit() 函数,可以看到用到了 userCollectList 集合,如图 10-47 所示,但是云开发控制台中的数据库中还没有该集合。因此需要创建一个 userCollectList 集合,如图 10-48 所示。

重新编译代码,进入校对页面,单击"提交错题"按钮,即可成功提交错题,如图 10-49 所示。

成功提交后,可以看到数据库也相应地增加了一条错题记录,如图 10-50 所示。

图 10-45 校对页面

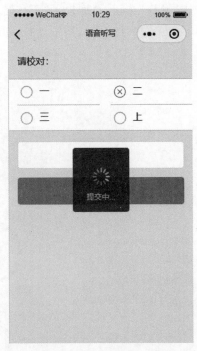

图 10-46 提交错题失败

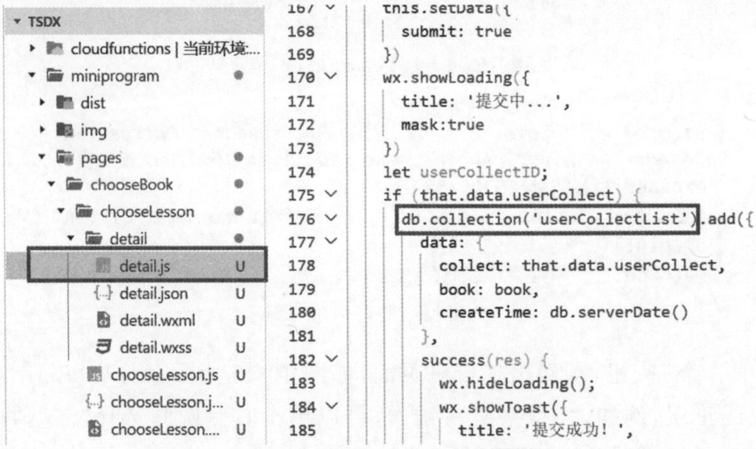

图 10-47 submit()函数

图 10-48 创建 userCollectList 集合

第10章 初始云开发及实战

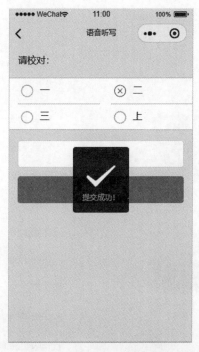

图 10-49 错题提交成功

图 10-50 新增错题记录

回到首页,可以看到页面右下角有一个"错题"按钮,如图 10-51 所示。单击"错题"按钮,进入错题集列表选择页面,如图 10-52 所示。用户可以选择要查看哪个年级的错题,这里选择"一年级上册",进入后发现页面一直在加载,无法正常显示,如图 10-53 所示。

这里需要修改云函数 getUserCollectList 目录下 index.js 中变量 env 的值,将其修改为自己的环境 ID,环境 ID 可以在云开发控制台→概览中查看,如图 10-54 所示。

修改环境 ID,然后将云函数 getUserCollectList() 再次同步云函数列表以及上传云函数操作,即可在主页面右下角的错题集合里找到之前提交的错题,如图 10-55 所示,通过后面对应的次数可以知道自己听写错误的次数。

图 10-51 首页中的"错题"按钮　　　　图 10-52 错题集列表页面

图 10-53 错题页面加载中

图 10-54　查看环境 ID

图 10-55　查看错题页面

## 10.5　作业思考

**一、讨论题**

1. 云开发提供的功能有哪些？
2. 云开发中提供的是什么类型的数据库？
3. 前端代码中是如何调用写好的云函数的？
4. 讨论对待办事项代码的理解。
5. 如何在代码中使用插件？
6. 随着计算机技术的飞速发展，信息网络已成为社会发展的重要保证。与此同时，有很多的敏感信息，甚至是国家机密难免会吸引来自世界各地的各种人为攻击。如今，信息安全已上升为国家战略，谈谈你知道的相关案例。

**二、单选题**

1. 以下关于云开发数据库说法错误的是（　　）。

　　A. 云开发提供的数据库是 JSON 数据库

B. 云开发提供的数据库是关系数据库
C. 云开发中的一个数据库可以有多个集合
D. JSON 数组中的每个对象就是一条记录，记录的格式是 JSON 对象

2. 以下关于关系数据库和文档数据库的概念对应关系说法错误的是(　　)。
   A. 关系数据库中的表对应文档数据库中的集合
   B. JSON 数组中的每个对象就是一个字段，字段的格式是 JSON 对象
   C. 关系数据库中的行对应文档数据库中的记录
   D. 关系数据库中的列对应文档数据库中的字段

3. 以下关于云开发数据库资源配额说法错误的是(　　)。
   A. 数据库的最大容量为 2GB
   B. 数据库的最大同时连接数是 20
   C. 数据库的集合最多是 100 个
   D. 数据库的 QPS 是 25

4. 以下关于小程序云开发资源系统参数限制说法错误的是(　　)。
   A. 云函数数量：50 个
   B. 数据库流量：单次出包大小为 16MB
   C. 云函数（单次运行）运行内存：256MB
   D. 数据库单集合索引限制：25 个

5. 当 env 传入参数为对象时，可以指定各个服务的默认环境，以下正确的可选字段是(　　)。
   A. environment 数据库的运行环境
   B. database 数据库 API 默认环境配置
   C. storage 存储 API 默认环境配置
   D. functions 云函数 API 默认环境配置

6. 以下关于调用云函数说法错误的是(　　)。

```
wx.cloud.callFunction({
  name: 'add',
  data: {
    a: 1,
    b: 2,
  },
  success: function(res) {
    console.log(res.result.sum) // 3
  },
  fail: console.error
})
```

A. add 是被调用的云函数名称
B. a：1 b：2 是传给云函数的参数
C. success() 是接口调用成功的回调函数
D. wx.cloud.callFunction 是被调用的云函数名称

7. 以下关于微信小程序云开发文件命名规则的说法错误的是(　　)。

   A. 不能以/开头

   B. 可以出现连续/

   C. 编码长度最大为850字节

   D. 推荐使用大小写英文字母、数字,即[a-z,A-Z,0-9]和符号 -,!,_,.,* 及其组合

8. 以下关于错误码提示错误的是(　　)。

   A. －401001 SDK 通用错误:无权限使用 API

   B. －401002 SDK 通用错误:API 传入参数错误

   C. －401003 SDK 通用错误:API 传入参数类型错误

   D. －501005 云资源通用错误:使用权限异常

9. 以下关于 API 存储说法错误的是(　　)。

   A. uploadFile:上传文件

   B. receiveFile:获取文件

   C. deleteFile :删除文件

   D. getTempFileURL:换取临时链接

10. (多选)以下获取引用的 API 有(　　)。

    A. database:获取数据库引用,返回 Database 对象

    B. serverDate:获取服务端时间,返回 Null

    C. collection:获取集合引用,返回 Collection 对象

    D. doc:获取对一个记录的引用,返回 Document 对象

# 附录A 豆豆云助教的安装与运行

"豆豆云助教"是一款针对高校师生的课程小助手应用,包括学生端和教师端两个小程序,其中学生端包含课堂签到、随堂测试、自由练习、错题回顾等功能。本章主要是对学生端豆豆云助教的安装与运行,涉及后台操作,所以会用到Wampserver和Sublime代码编辑器,以及新浪云平台。用户可通过图A-1和图A-2访问已正式发布的豆豆云助教学生端、豆豆云助教教师端小程序。

图A-1 豆豆云助教小程序码

图A-2 豆豆云助教教师端小程序码

## A.1 豆豆云助教的安装流程

本节主要内容是完成豆豆云助教学生端和教师端的安装,即成功将学生端和教师端代码在微信开发这个工具中运行起来。其中,豆豆云助教学生端和教师端的前端代码以及后台代码下载链接如下。

(1)豆豆云助教学生端小程序代码下载地址:https://gitee.com/xd435/doudou_stu。
(2)豆豆云助教教师端小程序代码下载地址:https://gitee.com/xd435/doudou_tea。
(3)豆豆云助教后台服务程序代码下载地址:https://gitee.com/xd435/doudou_demo_php。

数据库文件可以在本书提供的课件资料中下载。

在浏览器中打开代码的链接，下载豆豆云助教小程序代码和PHP后台程序代码。代码存放于名为"码云"的开源代码托管平台中。首次使用码云时，需要先注册一个账号并登录，登录后，单击"克隆/下载"按钮即可下载代码，如图A-3所示。

图 A-3　豆豆云助教小程序代码下载页面

成功下载代码后，首先解压缩后台代码，使用Xftp将解压缩后的后台代码传至阿里云的/var/www/html文件夹下，具体操作参考9.2.3节。

同时使用Xshell配置阿里云后台环境，创建pingshifen数据库，导入pingshifen.sql文件，具体操作参考9.2.2节和9.2.3节。

在Xftp的文件管理页面，打开后台代码中的Application/Api/Conf/config.php和Application/Common/Conf/config.php，修改数据库连接信息，可以直接右键选择"用记事本编辑"。如图A-4所示，将两个文件中的DB_PWD的值改为配置阿里云环境时设置的

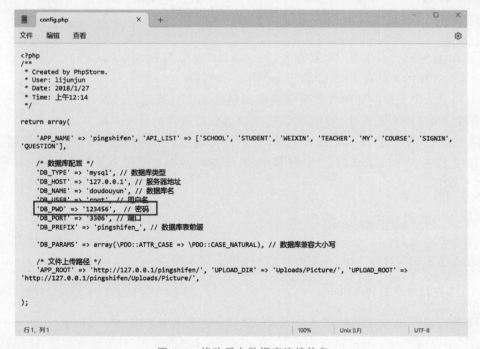

图 A-4　修改后台数据库连接信息

MySQL 密码。另外如图 A-5 所示，在 Application/Common/Conf/config.php 中还要修改公众号的相关配置，其中 STU_APP_ID 和 STU_APP_SECRET 是学生端对应的 AppID 和 AppSecret，因此需要将这两个变量的值改为导入学生端项目时使用的 AppID，以及该 AppID 对应的 AppSecret。TEA_APP_ID 和 TEA_APP_SECRET 则对应的是教师端项目的 AppID 和 AppSecret。

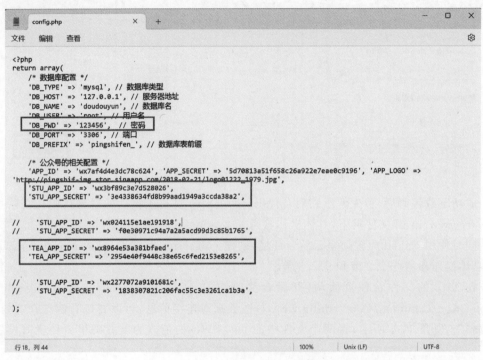

图 A-5　修改公众号相关配置

另外，注意到上面两图中数据库名 DB_NAME 的值为 doudouyun，所以在创建数据库时，要将数据库的名称命名为 doudouyun。

将豆豆云助教学生端和教师端前端代码解压缩。打开微信开发者工具，选择导入项目，项目目录选择解压后的学生端和教师端前端代码所在的目录。其中，学生端和教师端的两个项目需填入两个不同的 AppID，如果只是想看一下小程序的效果，使用同一个 AppID 也没关系，如果需要将学生端和教师端正式发布，则需要使用两个 AppID。单击"导入"按钮即可。

### A.1.1　豆豆云助教学生端

导入学生端项目后，需要调整几个地方才能正常运行。

#### 1. 不在合法域名列表中

编译代码后，还会出现如图 A-6 所示的报错。这里需要单击"详情"按钮，然后单击"本地设置"按钮，并勾选"不校验合法域名、Web-view（业务域名）、TLS 版本以及 HTTPS 证书"复选框即可,如图 A-7 所示。

图 A-6　不在合法域名列表中

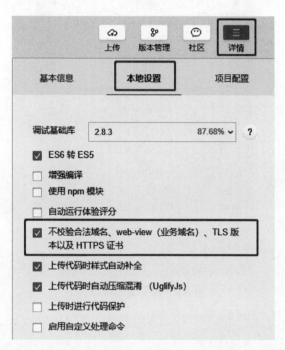

图 A-7　勾选"不校验合法域名、Web-view(业务域名)、TLS 版本以及 HTTPS 证书"复选框

### 2. invalid code

重新编译代码,发现调试器中没有报错了,但是模拟器中会提示 invalid code,这是由于前端代码中还没修改访问的后台地址,如图 A-8 所示。

这里需要修改 app.js 和 config.js 文件中的几行代码,其中 app.js 文件中第 331 行代码所对应的 siteBaseUrl 需要修改为后台代码所对应的域名,即 http://39.101.71.147/douduo_demo_php-base,注意要将其中的 IP 地址改为自己的阿里云服务器的公网地址,如图 A-9 所示。

同样,config.js 中的 host 和 apiUrl 的域名也要修改,其中的 IP 地址也要更换,如图 A-10 所示。

修改后,重新编译代码,模拟器出现如图 A-11 所示页面,即说明豆豆云助教学生端安装成功。

豆豆云助教
豆豆云助教
浙江工商大学
435大四狗
12312人加入 课程号:140520
课程相关
提示
invalid code, hints: [ req_id: pk
oeC0yFe-jTEmVA ]
确定
课程
我的

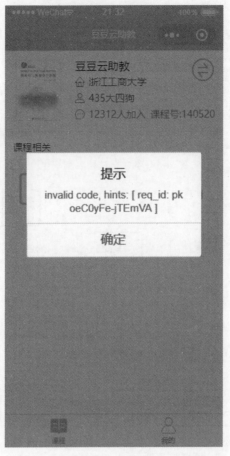

图 A-8　提示 invalid code

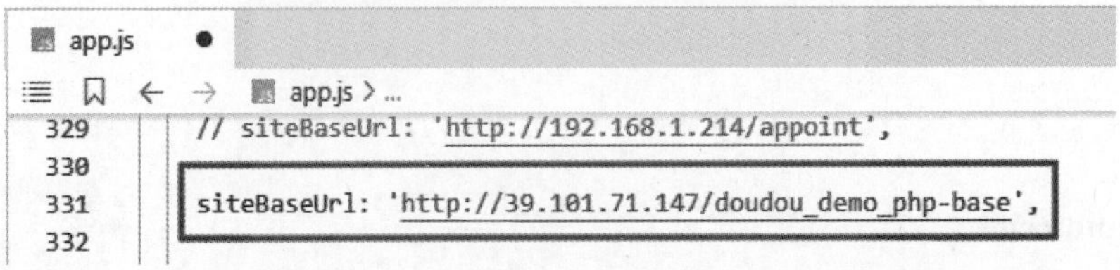
app.js
app.js > ...
329 // siteBaseUrl: 'http://192.168.1.214/appoint',
330
331 siteBaseUrl: 'http://39.101.71.147/doudou_demo_php-base',
332

图 A-9　修改 siteBaseUrl

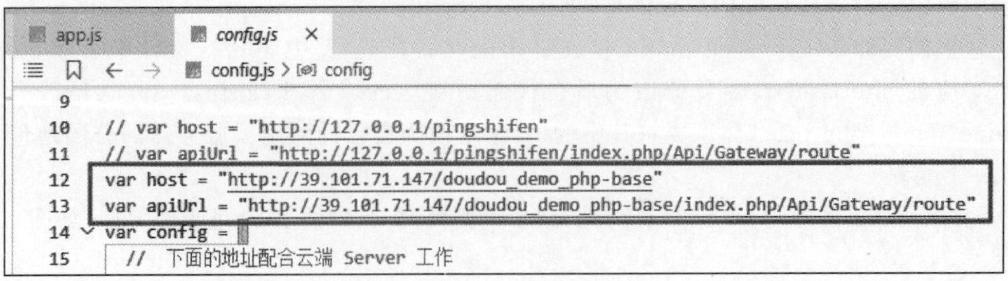
app.js
config.js
config.js > config
9
10 // var host = "http://127.0.0.1/pingshifen"
11 // var apiUrl = "http://127.0.0.1/pingshifen/index.php/Api/Gateway/route"
12 var host = "http://39.101.71.147/doudou_demo_php-base"
13 var apiUrl = "http://39.101.71.147/doudou_demo_php-base/index.php/Api/Gateway/route"
14 var config =
15 // 下面的地址配合云端 Server 工作

图 A-10　修改 host 和 apiUrl

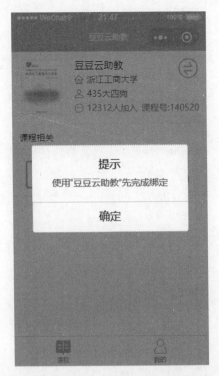

图 A-11　豆豆云助教学生端安装成功

### A.1.2　豆豆云助教教师端

导入教师端后,需要修改的地方与学生端类似,可参考学生端进行修改。

## A.2　豆豆云助教功能设计

开发一个项目前,需要先了解这个项目的功能需求,并针对所需的功能需求,画出整个项目的功能框架。豆豆云的功能框架如图 A-12 所示。

**1. 学生注册**

第一次进入则打开注册页面。填入相关信息之后完成注册。

**2. 加入课程**

在主页面"课程"中,单击右上角的 ⇆ 按钮,在弹出的窗口中选择加入课程。输入教师所提供的课程号。单击"加入课程"即可加入该门课程。

**3. 签到**

在主页面"课程"中,单击"签到"即可进入签到列表。

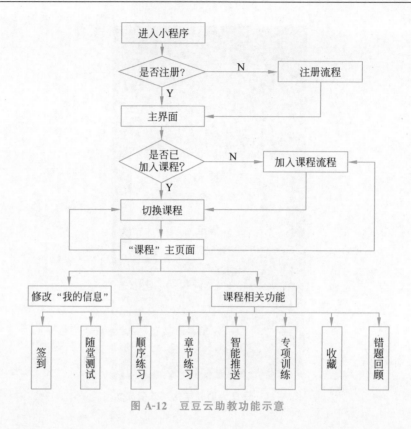

图 A-12　豆豆云助教功能示意

#### 4．随堂测试

在主页面"课程"中，单击"随堂测试"即可开始测试。

#### 5．顺序练习

在主页面"课程"中，单击"顺序练习"即可开始顺序做题。

#### 6．章节练习

在主页面"课程"中，单击"章节练习"，选择相应章节后即可开始顺序做题。

#### 7．专项训练

在主页面"课程"中，单击"专项训练"即可开始专项训练。目前专项训练以易错题以及不同的题目类型进行分类。

#### 8．收藏

在做题过程中，用户可随时单击左下角的"收藏"按钮对题目进行收藏。并在主页面"课程"中，单击"收藏"进入查看。

**9. 错题回顾**

在平时的做题过程中,用户答错的题目可在主页面"课程"中,单击"答错"进入错题回顾,以巩固学习。

## A.3 豆豆云助教的发布流程

### A.3.1 预览豆豆云助教

单击"预览"按钮会生成一个二维码,用微信扫描该二维码即可在手机上预览小程序,如图 A-13 所示。

图 A-13 预览豆豆云助教

### A.3.2 上传豆豆云助教代码

单击"上传"按钮后,在弹出的对话框中,单击"确定"按钮,如图 A-14 和图 A-15 所示。

单击"确定"按钮后,需要填写版本号,版本号由字母与数字组成,开发者可以根据自己的情况填写版本号,填完后,单击"上传"按钮,如图 A-16 所示。

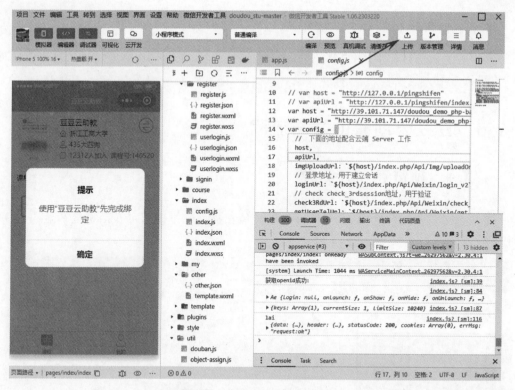

图 A-14 上传豆豆云助教代码

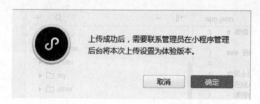

图 A-15 上传小程序提示对话框

图 A-16 小程序版本号填写

出现如图 A-17 所示的对话框,单击"确定"按钮即可。

图 A-17 文件打包上传结果提示

### A.3.3 小程序信息填写

登录微信公众平台，在首页可进行小程序信息的填写，如图 A-18 所示。

图 A-18 "小程序发布流程"页面

填写完信息后，单击"提交"按钮即可提交所要发布的小程序信息，如图 A-19 所示。之后还要添加小程序类目，选择对应的类目进行添加即可。

### A.3.4 提交审核豆豆云助教

小程序信息完善后，可单击"提交审核"按钮将上传的小程序开发版本提交审核，如图 A-20 所示。

单击"提交审核"按钮后会弹出"确认提交审核"对话框，勾选"已阅读并了解平台审核规则"复选框，如图 A-21 所示。单击"下一步"按钮会提醒安全测试，单击"继续提交"按钮进入"提交审核"页面的信息填写阶段，如图 A-22 所示。

另外，还需要单击"更新当前版本的用户隐私协议"来填写隐私协议内容，要根据实际情况填写。

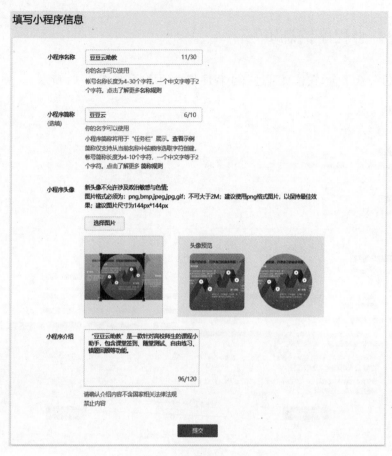

图 A-19 小程序信息填写

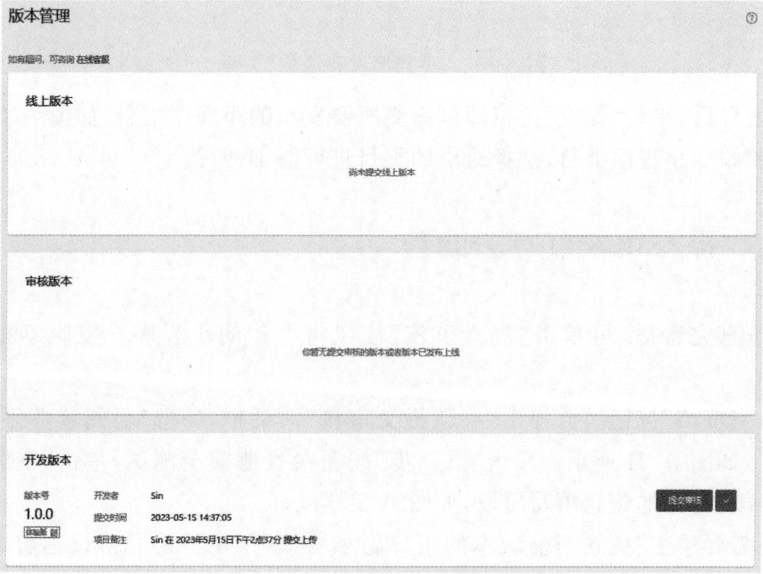

图 A-20 小程序提交审核页面

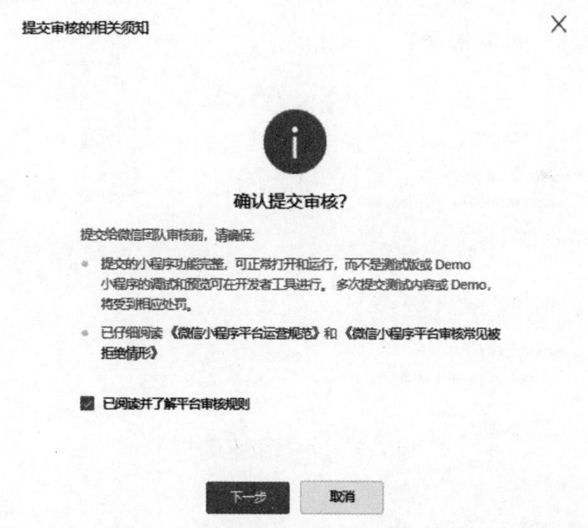

# 附录A 豆豆云助教的安装与运行

图 A-21 "确认提交审核"提示对话框

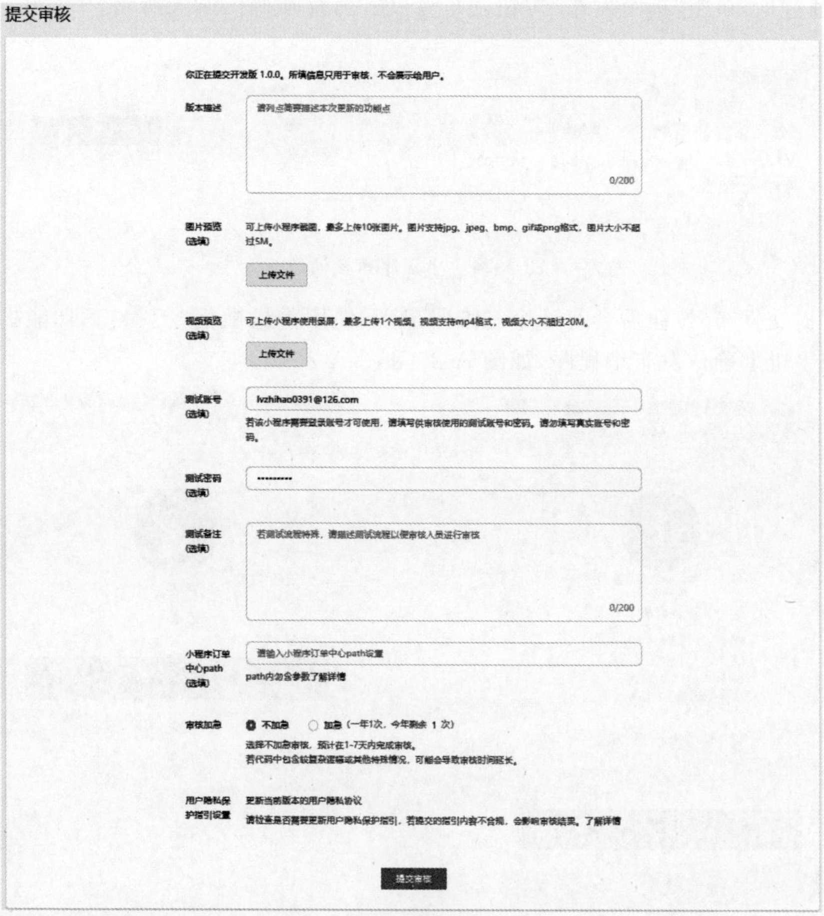

图 A-22 "提交审核"页面

提交审核后,"审核版本"页面会显示"审核中",如图 A-23 所示,需等待一段时间,微信会发送审核结果通知到手机微信端。

图 A-23　小程序审核中

## A.3.5　发布豆豆云助教

审核通过后,单击"提交发布"按钮发布豆豆云助教,如图 A-24 所示。

图 A-24　小程序审核通过

单击"提交发布"按钮后会有一个二维码出现,使用手机微信"扫一扫"功能扫描该二维码,即可在手机上确认发布小程序,如图 A-25 和图 A-26 所示。

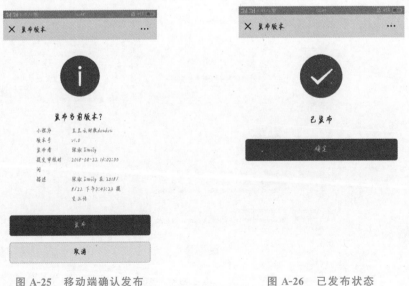

图 A-25　移动端确认发布　　　　　　　图 A-26　已发布状态

手机上确认发布后,微信公众平台上会显示该小程序为线上版本,如图 A-27 所示。

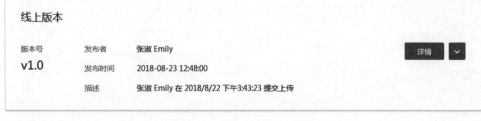

图 A-27 小程序线上版本信息

在"设置"→"基本设置"中可以下载所发布小程序的二维码,用户可以通过扫描该二维码找到对应的小程序,如图 A-28 所示。

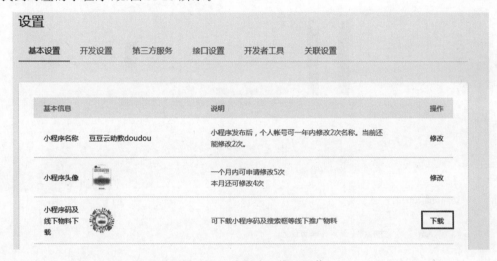

图 A-28 小程序二维码下载

## A.3.6 豆豆云助教运营数据

到 2023 年 5 月,豆豆云助教小程序已经运营 5 年多,我们推出了 2 个版本豆豆云学生端,总注册人数超过 5 万人,做题数据超 10000000 条,是学校学生相关课程期末复习的必备工具,极大地提升了学生的学习效率。这些运营数据均可在微信公众平台的"统计"功能中查看。通过查看运营数据可以帮助我们更好地了解用户的需求,有针对性地对平台的功能进行调整和完善,提高用户的满意度。

**1. 概况**

可以查看累计访问人数、打开次数、访问人数、新增用户等相关数据,如图 A-29 所示。

**2. top 受访页**

可以看到用户集中访问了哪些页面,并针对高访问量的页面进行逻辑优化等,如图 A-30 所示。

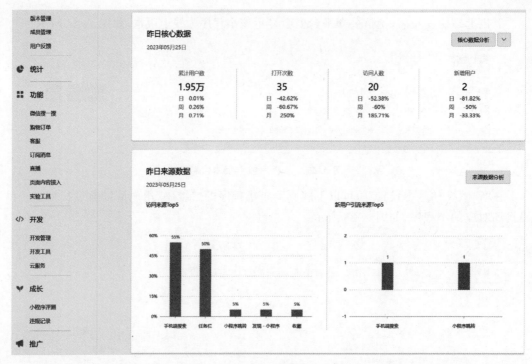

图 A-29　概况

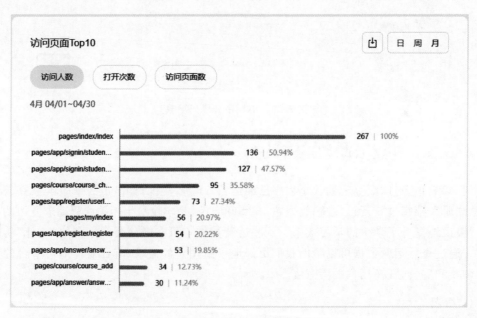

图 A-30　Top 受访页

**3. 用户画像**

可看到用户性别分布、年龄分布、地区分布和终端机型分布等。可根据用户画像对用户进行针对性的内容推送，如图 A-31～图 A-34 所示。

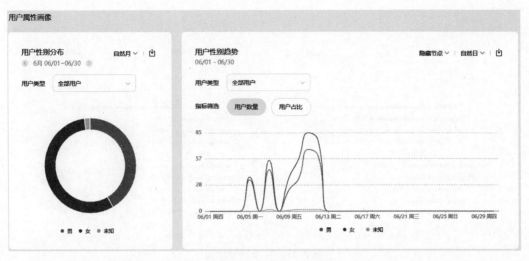

图 A-31　用户性别分布

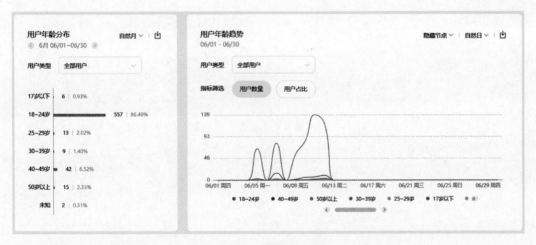

图 A-32　用户年龄分布

| 省份 | 访问人数 ↓ | 占比 |
| --- | --- | --- |
| 浙江 | 508 | 78.88% |
| 广东 | 11 | 1.71% |
| 湖北 | 10 | 1.55% |
| 江苏 | 9 | 1.40% |
| 北京 | 8 | 1.24% |

1　2　3　4　…　6　>　1　跳转

图 A-33　用户地区分布

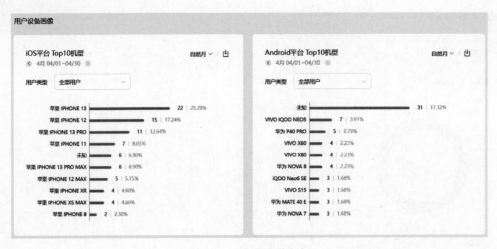

图 A-34　终端机型分布